멘토르는

그리스신화에 나오는 오디세우스의 친구입니다.

오디세우스는 트로이 전쟁에 출정하면서
아들 텔레마쿠스를 친구인 멘토르에게 맡깁니다.

이후 멘도르는 임격한 스승이며 지혜로운 조언자,
때로는 아버지로서 필요한 충고와 지도를 하여
텔레마쿠스를 강인하고 현명한 왕으로 성장시켰습니다.

오늘날 '멘토', 또는 '멘토르'는 충실하고 현명한 조언자
또는 스승이라는 의미로 쓰이고 있습니다.

멘토르출판사는 독자 여러분의 인생에 좋은 길잡이가
되는 책을 만들고자 늘 노력하겠습니다.

서
강
헌
의

딜리셔스
초콜릿

서강헌의 딜리셔스 초콜릿

서강헌 지음

IFAD 멘토르

서강헌의
딜리셔스 초콜릿

초판 1쇄 발행 2010년 4월 5일
초판 2쇄 발행 2013년 4월 20일

지은이 | 서강헌
펴낸이 | 정연금
펴낸곳 | 멘토르출판사

총괄진행 | 전정아·IFAD(장용희)
기획 | 문진주·이수정·김미숙·조원선·안소영·강지예·김유진
본문디자인 | 디자인상자(02-3789-9974)
표지디자인 | 엔드디자인(02-338-3055)
사진 | SALT(안성철, 황규백)
마케팅 | 이운섭·나길훈
경영지원 | 안정배·설윤숙·박은정
내용문의 | mentor@mentorbook.co.kr

등록 | 2004년 12월 30일 제302-2004-00081호
주소 | 서울시 마포구 동교동 198-5번지 신흥빌딩 3층
전화 | 02-706-0911
팩스 | 02-706-0913
ISBN 978-89-6305-052-2 (13590)

서강헌의 초콜릿 이야기

내가 파티시에라는 직업에 종사하며 살아온 지도 어느덧 25년. 제과와 함께한 시간 동안 초콜릿은 나에게 평생을 두고 연구해야 할 관심의 대상이었다.

제과를 시작할 무렵인 1987년, 당시 제과점에서 판매되는 초콜릿은 카카오 버터 대신 식물성 유지가 다량 함유된 가짜 초콜릿이었다. 그리고 초콜릿은 하나의 상품으로 판매되기보다는 케이크 장식의 일부로 사용되거나 케이크를 코팅하는 코팅제 역할 정도로만 사용되었기 때문에 초콜릿 자체에는 별 관심이 없었다. 그러다가 제대로 제과 공부를 하기 위해 일본 동경제과학교로 유학을 가서 제과의 기초를 다지고 초콜릿 수업을 본격적으로 받기 시작하면서 초콜릿에 대한 관심과 호기심이 쌓여갔다. 만드는 과정에서 온도를 잘못 맞춘다거나 보관상 관리를 소홀하게 했다가는 바로 흰 꽃을 피워 보기에도 좋지 않을 뿐만 아니라 식감도 떨어뜨리는 예민한 성질 때문에 항상 정성을 쏟으며 주의를 기울여야 했다.

동경제과학교에서 모든 과정을 수료하고 실습을 나가게 된 제과점은 초콜릿을 사기 위해 길게 줄을 서서 기다려야 할 정도로 유명세를 떨치던 곳이었다. 실습생이었던 나는 '대체 어떤 맛이기에 사람들이 저렇게 줄까지 서가며 사갈까' 라는 의문을 가지지 않을 수 없었다. 그러다 공장에서 초콜릿 한 조각을 몰래 주머니에 넣고 훔치다시피 갖고 와서는 공장 한 구석에서 어렵사리 입안에 넣었다. 그 순간 환상적인 초콜릿 맛에 새로운 세계를 경험한 듯 매료되었고 맛에 대한 감동이란 이런 것이구나 하는 강한 인상을 받았다.

그 날 이후 내가 초콜릿을 먹고 느꼈던 것처럼 누군가에게 감동을 줄 수 있는 초콜릿을 만들고 싶다는 생각이 간절해졌다. 그래서 스위스 리치몬드에서 초콜릿 과정을 연수하고 프랑스 르노뜨르에서 양과자 과정을 이수하면서 초콜릿을 다루는 새롭고 다양한 기법들을 익혔으며 감동적인 맛을 선보이기 위해 지금까지도 연구에 연구를 거듭하고 있다.

내가 생각하는 초콜릿의 매력은 초콜릿 고유의 달콤 쌉싸래한 맛 자체도 매력적이지만, 여러 가지 다양한 재료가 더해질 때 비로소 빛을 발하게 된다는 것이다. 순수한 오리지널 카카오에 어떤 재료를 섞느냐, 어떻게 섞느냐, 누가 섞느냐에 따라 같은 재료라도 전혀 다른 맛을 내는 까다롭지만 오묘함이 가득한 소재라는 것도 나로 하여금 초콜릿의 매력에서 빠져나오지 못하게 하는 요인 중 하나다. 게다가 맛은 물론 모양까지도 다양하게 변모시킬 수 있다는 것도 빠트릴 수 없는 커다란 매력이다.

이렇듯 나의 초콜릿에 대한 사랑은 앞으로도 더욱 깊어질 것이며 초콜릿에 대한 이야기도 끊임없이 이어질 것이다.

초콜릿이 달다고 생각한다면 그 생각은 버려라. 초콜릿은 원래 쓰다. 설탕과 우유 등의 성분이 가미되어 단맛이 나는 것이지 초콜릿의 원재료인 카카오는 쓴맛과 신맛이 난다. 초콜릿의 향이 그대로 느껴지는 고급 초콜릿은 카카오 함량부터가 다르다. 카카오 양이 많으면 그만큼 설탕이나 우유의 성분 함량이 줄어들어 쌉싸래하면서 진한 맛을 느낄 수 있기 때문이다. 초콜릿의 종류 중에서 카카오 성분 함량이 가장 높은 다크 초콜릿은 카카오 성분 함량(카카오 매스+카카오 버터)이 55% 이상 되고, 밀크 초콜릿은 35% 정도이다. 화이트 초콜릿은 카카오 함량은 0%이고 카카오 버터만 30% 정도 들어있어 다른 초콜릿에 비해 상대적으로 설탕과 전지분유(우유)의 성분 함량이 높다. 제과점에서는 카카오 함량이 낮은 것부터 높은 것(10~90%)까지 다양한 종류의 초콜릿을 사용하고 있다.

가나슈를 만들다

가나슈란 불어로 '말의 아래 턱'을 뜻하는데, 버릇없는 말의 모습에서 '멍청이'라는 말이 파생되었다고 한다. 어느 날 실습생 파티쉐가 초콜릿 속에 생크림을 흘렸는데 그걸 본 주인이 "에스페스 두 가나슈(이 멍청한 자식)"라고 소리를 질렀다. 그런데 이것이 생각보다 부드럽고 맛이 있었던 것이다. 이런 해프닝에서 탄생한 가나슈는 이제 오페라나 트리플의 충전물 등 그 사용 용도가 다양해졌다.

가나슈의 포인트는 유화

유화란

유화란 물과 기름처럼 섞이기 어려운 두 가지 액체의 어느 한쪽을 작은 입자로 만들어서 다른 한쪽에 '균일하게 분산시킨 상태'를 말한다.

예를 들어 하얀 종이에 빨간 연필과 파란 연필로 작은 점을 많이 찍고 전체적으로 보면 보라색으로 보이는 것과 같은 원리다. 초콜릿에 생크림을 넣으면서 만드는 가나슈는 유지방 속에 수분이 분산되어 있는 버터처럼 유화되어 있는 상태이다. 어느 방법이든 유화가 잘 된 것은 부드럽고 입안에서 잘 녹으며 느끼하지 않다. 그 이유는 유지방과 수분의 입자를 얼마나 작게 만들고 어느 한쪽에 치우치지 않고 고르게 분산시키느냐가 유화의 포인트이기 때문이다.

왜 유화가 필요한가

초콜릿은 카카오 버터라는 유지를 많이 함유하고 있는 '기름기가 많은' 소재다. 게다가 카카오 버터는 28℃ 이하의 실온에서는 고형성을 갖는 특징이 있다. 그래서 기름기를 줄이고 좀 더 부드럽게 하기 위해 수분을 첨가해 유화시킨 것이 가나슈다. 쉽게 이야기해서 물과 기름은 서로 섞이지 않는 겉도는 성질이 있는데 그것이 유지의 소수성이라는 성질 때문이다. 서로 섞이지 않는 성질을 가진 물과 기름을 잘 섞이게 만드는 것이 유화이고, 유화를 인식하지 않고 기름 성분을 가진 카카오 버터에 수분을 무작정 섞으면 수분과 유분이 연결되지 않아 분리되는 것이다.

분리된 유분과 수분은 두 층으로 나누어지기 때문에 깔끔함을 잃고 유분이 입안에 남아 느끼한 맛을 내게 된다. 또한 유분과 분리된 수분은 시간이 지날수록 증발하는데, 가나슈가 건조해서 줄어들거나 퍼석퍼석해지는 이유는 유화가 충분히 이루어지지 않았거나 분리되었기 때문이다. 실온에서 3~4주 정도 두어야 하는 봉봉·쇼콜라 가나슈의 품질을 유지하기 위해서도 유화는 중요하다.

가나슈 분리의 원인

잘못된 혼합

가나슈 분리의 원인 중 가장 큰 이유로는 '생크림을 한꺼번에 초콜릿 속에 넣었을 경우, 또는 생크림을 데운 냄비에 초콜릿을 넣었을 경우'를 들 수 있다. 제과 전문서적을 보면 후자의 방법이 주로 소개되는데, 이 방법을 이용할 경우 분리될 가능성이 높을 뿐만 아니라 설령 유화가 되더라도 입자가 크고 안정된 상태를 유지하기가 어렵기 때문에 피하는 것이 좋다. 한꺼번에 수분을 넣고 섞으면 수분이 유분 속에 작고 고르게 분산되지 못한다. 물과 기름의 비중이 다르기 때문에 기름이 물을 튕겨서 분리가 일어난다. 카카오 함량이 높은 초콜릿이나 카카오 고형분을 지니지 않은 화이트 초콜릿은 유지의 비율이 높기 때문에 분리되기 쉽다. 또한 생크림의 유지방은 유화 작용을 촉진시킨다. 따라서 후르츠 퓌레를 생크림 대신 사용한 가나슈 역시 분리되기 쉬우므로 주의해야 한다.

잘못된 배합

'단맛을 줄이고 싶어서 카카오 함량이 많은 초콜릿으로 가나슈를 만들었더니 분리돼버렸다' 라는 이야기를 자주 듣는다. 단맛의 초콜릿, 즉 카카오 함량이 낮은 초콜릿에서 버터 초콜릿, 즉 카카오 함량이 많은 초콜릿으로 바꿀 경우에도 분리되기 쉽다. 초콜릿은 카카오 함량이 많아질수록 카카오 버터도 많아진다. 또한 유화는 수분과 유지방의 비율이 맞지 않으면 안 되고, 특히 유분이 많으면 분리된다.

그래서 처음 사용하는 초콜릿은 반드시 카카오의 함량을 파악해서 원래 배합과 비교하여 카카오 함량이 많은 경우엔 그 수분량에 상당하는 생크림이나 후르츠 퓌레 등의 양을 늘리고, 카카오 함량이 낮으면 수분을 줄일 필요가 있다.

따라서 가나슈는 카카오가 식으면 굳는 성질을 이용해서 전체를 굳히는 것이기 때문에 가나슈를 부드럽게 하려면 수분과 유분의 양을 적절하게 조절해야 한다.

잘못된 온도 관리

'가나슈를 섞는 도중에 분리되었다. 배합도 계산했고 만드는 순서도 맞는데, 왜 그럴까?'
카카오 버터는 저온에서는 굳고 데우면 녹아서 액체가 되는 성질이 있다. 유분이 굳어있는 상태에서는 수분이 침투할 수가 없기 때문에 유화되기가 어렵다. 카카오 버터가 녹기 시작하는 온도는 34.6℃로, 이 온도를 '융점'이라고 한다(굳는 온도

는 28.5℃). 즉, 융점보다 온도가 낮아지면 가나슈는 굳기 시작하는데, 이때 섞게 되면 굳은 유분 사이에 분산되어 있는 수분을 밀어내게 되어 분리되는 것이다. 따라서 가나슈를 섞을 경우에는 최소 35℃ 이상을 유지하도록 해야 하므로 보온용으로 뜨거운 물이나 열풍기를 준비해 두고 작업하는 것이 좋다.

버터의 역할

우유의 지방으로 만드는 버터는 고형분함량이 약 88%, 수분함량이 12% 가까이 된다. 가나슈의 재료로서 버터가 사용되는 이유는 미각상의 이유가 아니라 더 매끄럽고 입에서 부드럽게 녹기 위한 융점이 낮기 때문에 코코아 버터와 결합시 더 부드러운 지방을 느낄 수 있는, 다시 말해 식감조정의 역할을 맡고 있다. 단, 버터도 유화물이어서 가열하면 분리되기 때문에 섞을 때 온도에 주의가 필요하다.

카카오 나무

카카오 나무는 고온다습한 열대에서만 서식하는 식물이다. 그것도 북위 20도에서부터 남위 20도까지의 범위로 고도 30~300미터, 연간 평균기온이 약 27도로 그 기온차가 적고, 연간 강우량은 적어도 1,000밀리리터 이상은 필요하기 때문에 재배할 수 있는 지역에 제한이 있다. 이 조건을 만족시킬 수 있는 곳으로는 중남미, 서아프리카, 동남아시아가 있다.

아오기리과에 속하는 카카오는 7~8년이면 다 자라는 상록수이다. 높이는 야생의 경우 10미터 이상, 재배하는 나무는 4~8미터 정도이며, 줄기의 두께는 10~20센티미터에 달한다. 특징적인 것은 가지에서만이 아니라 줄기에서도 직접 꽃이 핀다는 것. 연간 1만 개의 꽃이 피지만 열매가 되는 건 20~50개 정도이다.

카카오 열매는 럭비공과 비슷하게 생겼으며, 크기는 15~25센티미터, 무게는 250~1,000그램까지 나가는 것도 있다. 색상은 처음에는 녹색이지만 적갈색이나 황갈색, 오렌지색 등으로 변화해 간다. 두께 약 1센티미터의 딱딱한 껍질에 덮인 카카오 열매를 쪼개면 하얀 과육 즉, 카카오 빈이 나오는데 카카오 콩의 수는 열매 하나당 20~50알정도 들어있다. 카카오나무는 직사광선을 싫어하기 때문에 주변에 키가 큰 나무를 키워서 빛을 가려줄 필요가 있다.

카카오 빈의 품종

콩마다 다른 맛 카카오 빈은 품종이나 산지, 발효 방법 등에 따라 맛이 달라진다. 초콜릿은 제품마다 콩을 선택, 브랜딩해서 그것을 제품의 특징으로 한다. 각 재배지에서는 새로운 품종의 연구가 진행되고 있지만 원천이 되는 것은 다음의 세 가지이다.

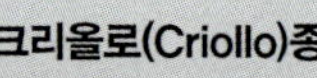

크리올로(Criollo)종

'크리올로'는 스페인어로 '자기 나라의 것'이라는 의미를 갖고 있다. 중미지역이 원산지이고 아스테카의 황제가 마신 것도 이 카카오로 만든 초콜릿이었다. 병해충에 대한 저항력이 떨어져 재배가 어렵다. **재배지역** 베네수엘라, 멕시코 등 극히 드문 지역에서 재배 **콩** 모양은 길쭉하며 생콩은 하얗고 연한색을 띈다. **맛** 쓴맛이 적고 부드럽다. **향** 독특하고 후레바 빈으로도 사용

포레스테로(Forastero)종

'포레스테로'는 크리올로와는 반대로 '외국의 것'이라는 의미가 있다. 원산지는 아마존이나 오리노코강 상류지대이다. 성장이 빠르고 병해충에 대한 저항력이 강하여 재배하기 쉬운 품종이다. **재배지역** 브라질, 서아프리카 등 넓게 재배 **콩** 둥글고 작으며 생콩은 짙은 노란색을 띈다. **맛** 쓴맛과 떫은맛이 강하다. **향** 자극적

트리니타리오(Trinitario)종

크리올로종과 포레스테로 종을 교배시킨 것. 카리브해의 트리니타도 섬에서 만들어졌다 하여 붙여진 이름이다. 양쪽의 중간적인 성질을 가지고 있어 재배하기 쉽고 품질이 좋은 것이 특징이다. 주로 브랜딩용 콩으로 이용된다. **재배지역** 중앙아메리카, 스리랑카, 뉴기니 등 **콩** 크리올로종과 포레스테로종의 중간적인 성질을 가지고 있다. 콩의 모양, 맛과 향도 다양하다.

카카오 빈에서 제품이 되기까지의 공정

01 원료

세계의 여러 산지에서 수입한 카카오 빈은 검사 후 합격한 콩만 공장으로 운송된다.

02 선별

안 좋은 콩이나 쓰레기 등의 이물질을 제거하고 좋은 콩만을 고른다.

03 분리

카카오 빈을 깨고 껍질을 제거한다. 이렇게 만들어진 것을 카카오 니브라고 부른다.

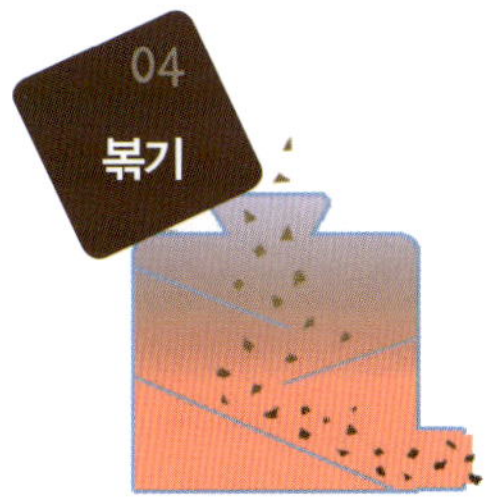

04 볶기

카카오 니브를 볶고, 열을 가함으로써 쓴맛이 약해지고 산미가 나빠지며, 카카오 콩의 독특한 향과 풍미가 나온다.

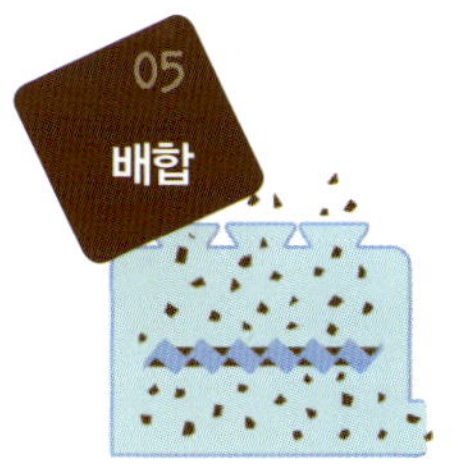

05 배합

초콜릿의 풍미를 좋게 하기 위해서 여러 종류의 카카오 니브를 브랜딩한다.

06 연마

카카오 니브를 잘게 으깬다. 니브에는 약 55%의 코코아버터가 함유되어 있어 걸쭉한 상태의 카카오매스가 된다. 코코아는 이 카카오매스에서 일정량의 코코아버터를 분리시킨다. (코코아 덩어리를 분쇄기 등을 사용해 작은 입자로 만든 것이 코코아 파우더, 오른쪽 그림)

07 혼합

카카오매스에 코코아버터, 설탕, 밀크 등의 원료를 섞는다.

08 미립화

5단 롤러에 돌려 혀끝에서도 까칠함을 느끼지 않도록 매끄럽게 한다.

09 정련

콘체라는 기계로 장시간에 걸쳐 섞는다. 이로 인해 원료가 균일화되어 향, 풍미가 좋은 초콜릿이 된다.

10 조온

탬퍼링을 해서 초콜릿에 함유되어 있는 코코아버터를 안정된 결정으로 바꾼다.

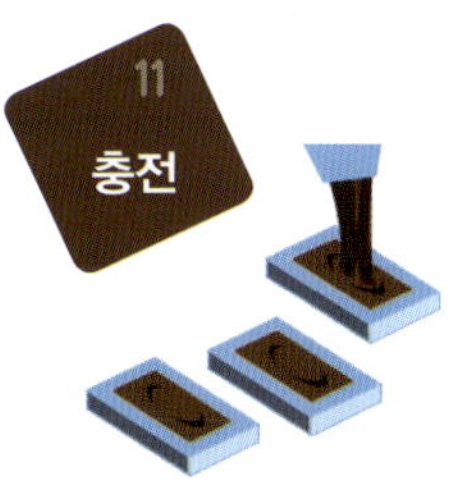

11 충전

벨트 컨베이어를 타고 이동하는 초콜릿 틀에 담은 후 진동을 주어 기포를 완전히 뺀다.

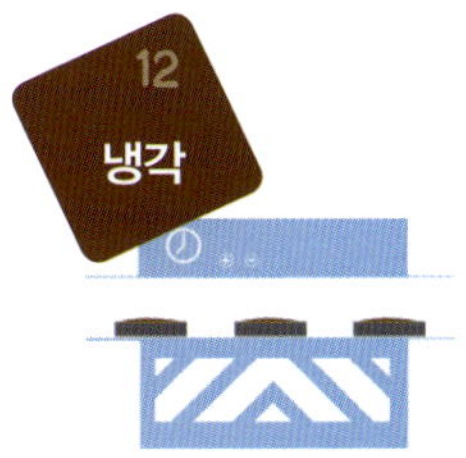

12 냉각

냉각 벨트에 올려 식혀서 굳힌다.

13 틀 제거 & 검사

틀에서 초콜릿을 빼낸 후 각각의 상태를 확인한다.

14 포장

은박지로 포장하고 마지막에 박스에 담는다.

15 숙성

초콜릿의 품질을 안정시키기 위해 온습도를 조절한 창고에서 일정기간 숙성시킨다.

Contents

Part 2
과자와 케이크

Chocolat BonBon

초콜릿 봉봉

가나슈 만들기

가나슈 틀 만들기

❶ 평평한 철판에 알코올을 뿌린다.
❷ 비닐을 깔아준다.
❸ 내부에 공기가 없도록 평평하게 펴준다.
❹ 탬퍼링 된 초콜릿을 얇게 펼친다.
❺ ④가 굳기 전에 가나슈 틀을 올려 눌러준다.

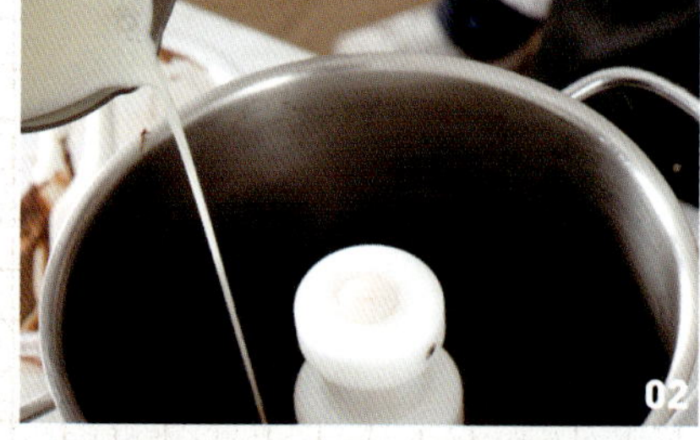

초콜릿 유화시키기

❶ 생크림, 트리몰린, 퓌레 등을 데운다.
❷ 녹인 초콜릿에 ①을 조금씩 나누어 섞어 유화시킨다.
❸ 40℃ 이하로 식으면 술, 버터 등을 넣고 섞는다.
❹ 가나슈 완성

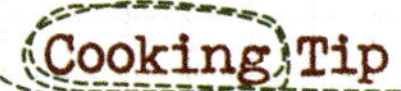

Cooking Tip
가나슈에 공기가 많으면 초콜릿을 만든 후에 공기가 있던 부분이 상하기 쉽다.

초콜릿 틀에 부어 굳히기

❶ 초콜릿 판 위의 가나슈 틀 안에 가나슈를 붓는다.

❷ 틀 높이에 맞추어서 평평하게 펴준다.

❸ 반나절에서 하루 정도 굳힌다.

원하는 크기에 맞게 자르기

❶ 윗 부분에 템퍼링된 초콜릿을 얇게 펼친 후 원하는 사이즈로 재단선을 긋는다.

❷ 재단선에 따라 단면이 깨끗하도록 자른다.

미엘 *Miel*

지리산 자연벌꿀을 이용한 초콜릿

재 료
(100개분)

- 꿀 62g
- 물 18g
- 생크림 184g
- 밀크 초콜릿 422g
- 버터 63g

1 가나슈 틀 만들기

❶ 평평한 곳에 알코올을 뿌린 후 비닐을 깔아준다. ❷ 탬퍼링한 다크 초콜릿을 얇게 펼친 다음 25㎝×25㎝×1㎝(가로×세로×높이) 크기의 가나슈 틀을 올린다.

2 가나슈 만들기

❶ 꿀, 물을 120℃까지 끓인 다음 생크림과 섞는다. ❷ 녹인 밀크 초콜릿에 ①을 조금씩 나누어 섞어 유화시킨다. ❸ ②가 37℃가 되면 버터를 넣고 로보쿠프로 섞는다. ❹ ③을 가나슈 틀에 부어 굳힌 다음 2.5㎝×2.5㎝(가로×세로) 크기로 자른다.

3 마무리하기

❶ 가나슈를 탬퍼링한 밀크 초콜릿으로 디핑한다. ❷ 굳기 전에 망으로 살짝 눌러 무늬를 낸다.

Cooking Tip
알코올을 뿌려주는 이유는 공기가 들어가지 않도록 하기 위해서이다.

01 알코올을 뿌린 후 비닐 깔기
02 다크 초콜릿을 얇게 펼친 다음 가나슈 틀 올리기
03 꿀, 물을 끓여 생크림과 섞은 다음
녹인 밀크 초콜릿에 넣어 유화시키기
04 버터 넣고 로보쿠프로 섞기
05 04를 가나슈 틀에 부어 굳힌 다음 2.5㎝×2.5㎝
(가로×세로) 크기로 자르기
06 탬퍼링한 밀크 초콜릿으로 디핑하기
07 망으로 무늬내기

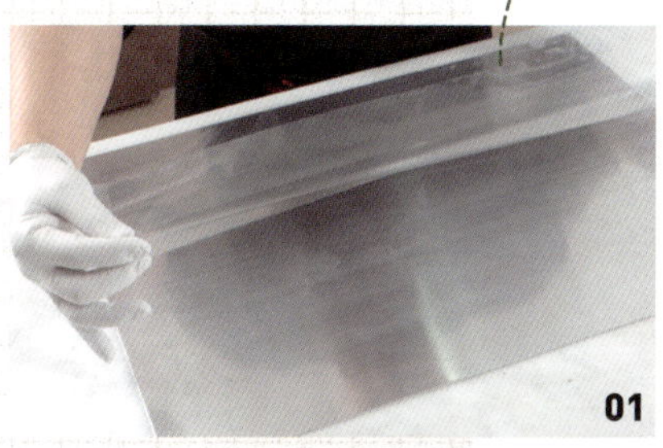

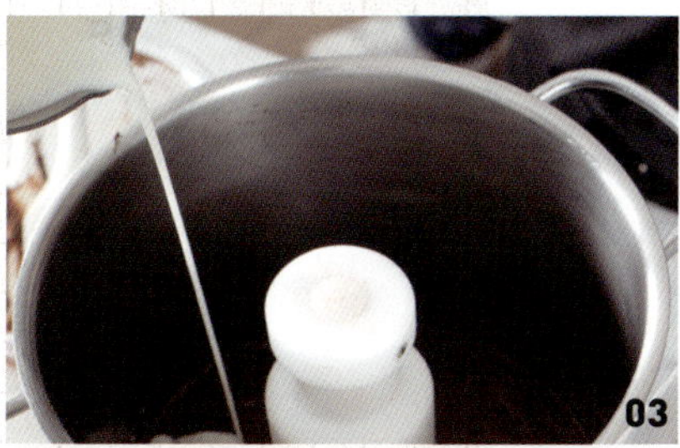

진저 *Ginger*
생강을 우려내 초콜릿과 조화를 이룬 초콜릿

- 생크림 238g
- 트리몰린 23g
- 생강 30g
- 레몬주스 4.5g
- 다크 초콜릿(72%) 215g
- 밀크 초콜릿 215g
- 버터 56g

1 가나슈 만들기

❶ 생크림, 트리몰린을 데운 후 슬라이스한 생강을 넣는다. ❷ 뚜껑을 덮은 채 10분 동안 우려낸다. ❸ ②를 체에 걸러 레몬주스를 넣은 다음 녹인 다크 초콜릿, 밀크 초콜릿에 조금씩 나누어 섞어 유화시킨다. ❹ 37℃가 되면 버터를 넣고 바믹서로 섞는다. ❺ ④를 25㎝×25㎝×1㎝(가로×세로×높이) 크기의 틀에 부어 굳힌 다음 1.5㎝×3㎝(가로×세로) 크기로 자른다.

2 마무리하기

❶ 가나슈를 템퍼링한 다크 초콜릿으로 디핑한다. ❷ 굳기 전에 포크로 무늬를 낸다.

01 데운 생크림, 트리몰린에 슬라이스한 생강 넣기
02 뚜껑 덮어 10분간 우려내기
03 체에 거르기
04 레몬주스 넣고 섞기
05 1.5㎝×3㎝(가로×세로) 크기로 잘라 다크 초콜릿으로 디핑하기
06 포크로 무늬내기

쏠레 *Solle*

게랑드 소금을 이용해 달콤함 속에 튀는 짭짤함을 느낄 수 있는 색다른 맛의 초콜릿

- 생크림 250g
- 트리몰린 22g
- 겔랑드 소금 3g
- 설탕 113g
- 밀크 초콜릿 270g
- 다크 초콜릿(56%) 104g
- 버터 45g

1 가나슈 만들기

❶ 생크림, 트리몰린, 겔랑드 소금을 섞어 80℃까지 데운다. ❷ 설탕을 가열해 캐러멜 화 한 다음 ①을 넣어 섞는다. ❸ 밀크 초콜릿, 다크 초콜릿을 녹인 다음 ②를 체에 걸러 나누어 넣으면서 유화시킨다. ❹ ③이 37℃가 되면 버터를 넣고 바믹서로 섞는다. ❺ 25cm×25cm×1cm(가로×세로×높이) 크기의 틀에 부은 다음 평평하게 하여 굳힌다. ❻ 2.5cm×2.5cm(가로×세로) 크기로 자른다.

2 마무리하기

❶ 가나슈를 탬퍼링한 다크 초콜릿으로 디핑한다. ❷ 굳기 전에 포크를 세로로 세워 살짝 눌렀다가 들어 올려 무늬를 낸다. ❸ 천일염을 가운데에 한 알씩 올려 마무리한다.

01

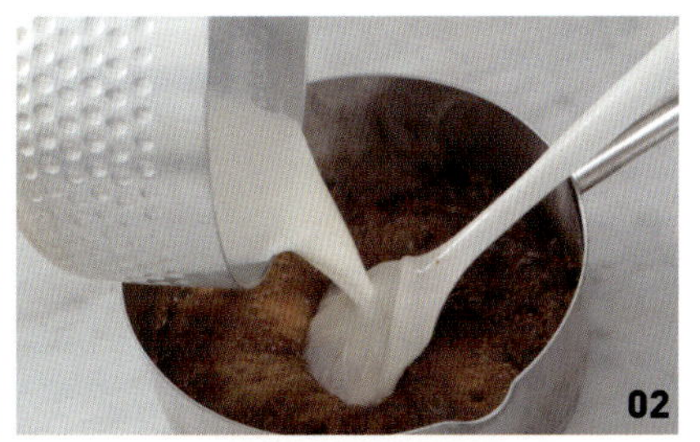

02

01 생크림, 트리몰린, 겔랑드 소금을 섞어 데우기
02 캐러맬화 한 설탕에 01을 넣어 섞기
03 녹인 초콜릿에 02를 체에 걸러 넣으면서
유화시키기
04 버터 넣고 바믹서로 섞기
05 가나슈를 틀에 부어 평평하게 한 후 굳히기
06 자른 가나슈를 다크 초콜릿으로 디핑한 다음
포크로 무늬내기
07 천일염을 올려 마무리하기

03

04

05

06

07

망고 아니스 *Mango Anise*

망고의 상큼한 맛과 은은한 향의 아니스 맛을 동시에 맛 볼 수 있는 초콜릿

망고 가나슈
- 망고 퓌레 74g
- 패션 프루츠 퓌레 14g
- 트리몰린 34g
- 화이트 초콜릿 240g
- 버터 17g

1 망고 가나슈 만들기

❶ 망고 퓌레, 패션 프루츠 퓌레, 트리몰린을 데운다. ❷ 화이트 초콜릿에 ①을 조금씩 나누어 섞어 유화시킨다. ❸ ②가 37℃가 되면 버터를 넣고 바믹서로 섞는다. ❹ 25㎝ ×25㎝×1㎝(가로×세로×높이) 크기의 틀에 부어 평평하게 한 후 굳힌다.

01 망고 퓌레, 패션 프루츠 퓌레, 트리몰린 데우기
02 화이트 초콜릿에 01을 넣어 유화시키기
03 버터 넣고 바믹서로 섞기
04 가나슈 틀에 붓기
05 평평하게 한 후 굳히기

2 아니스 가나슈 만들기

❶ 생크림을 데운 후 아니스를 넣는다. ❷ 뚜껑을 덮은 채 10분 동안 우려낸다. ❸ ②를 체에 거른 다음 트리몰린을 섞는다. ❹ 밀크 초콜릿에 ③을 조금씩 나누어 섞으면서 유화시킨다. ❺ ④가 37℃가 되면 버터를 넣고 섞다가 바믹서로 섞는다. ❻ ⑤를 망고 가나슈 위에 부어 평평하게 한 후 굳힌다.

01 데운 생크림에 아니스 넣기
02 뚜껑 덮어 10분간 우려내기
03 체에 걸러 트리몰린 섞기
04 밀크 초콜릿에 03을 나누어 섞으면서 유화시키기
05 버터 넣고 섞기
06 바믹서로 섞기
07 망고 가나슈 위에 유화시킨 아니스 가나슈 부어 굳히기

3 마무리하기

❶ 가나슈를 2.5㎝×2.5㎝(가로×세로) 크기로 잘라 탬퍼링한 다크 초콜릿으로 디핑한다. ❷ 굳기 전에 포크로 무늬를 낸다.

01 2.5㎝×2.5㎝(가로×세로) 크기로 잘라 다크 초콜릿으로 디핑하기
02 포크로 무늬내기

본누벨 카카오 *Bonne nouvelle Cacao*

아몬드 프랄리네와 그랑 마니에르가 절묘하게 어우러진 초콜릿

재 료
(100개분)

- 생크림 149g
- 물엿 37g
- 아몬드 프랄리네 29g
- 밀크 초콜릿 447g
- 버터 30g
- 그랑 마니에르 59g

1 가나슈 만들기

❶ 생크림에 물엿을 넣고 끓인다. ❷ 아몬드 프랄리네와 밀크 초콜릿을 섞은 다음 ①
을 조금씩 나누어 섞어 유화시킨다. ❸ ②가 37℃가 되면 버터를 넣고 바믹서로 섞는
다. ❹ ③에 그랑 마니에르를 넣고 바믹서로 섞는다. ❺ ④를 25㎝×25㎝×1㎝(가로×
세로×높이) 크기의 틀에 부어 굳힌 다음 2.5㎝×2.5㎝(가로×세로) 크기로 자른다.

Cooking Tip 가나슈 만드는 방법은 18쪽을 참조하세요.

2 마무리하기

❶ 가나슈를 탬퍼링한 다크 초콜릿으로 디핑한다. ❷ 전사지를 올리고 평평하게 한 후
눌러서 굳힌다.

01 다크 초콜릿으로 디핑한 가나슈에 전사지 올리기
02 전사지로 눌러 굳히기

Cooking Tip
전사지는 완전히 굳은 상태에서
떼어내야 한다.

얼그레이 *Earl Gray*

영국산 얼그레이를 우려내어 다크 초콜릿과 혼합한 은은한 향을 머금은 초콜릿

> **재 료**
> (100개분)
>
> - 생크림 87g
> - 우유 192g
> - 트리몰린 41g
> - 얼그레이 16g
> - 다크 초콜릿(56%) 391g
> - 버터 26g

1 가나슈 만들기

❶ 생크림, 우유, 트리몰린을 섞어 데운 다음 얼그레이를 넣는다. ❷ 뚜껑을 덮은 채 10분 동안 우려낸다. ❸ ②를 체에 거른 후 녹인 다크 초콜릿에 조금씩 나누어 섞어 유화시킨다. ❹ ③이 37℃가 되면 버터를 넣고 바믹서로 섞는다. ❺ 25㎝×25㎝×1㎝(가로×세로×높이) 크기의 틀에 부어 굳힌 다음 2.5㎝×2.5㎝(가로×세로) 크기로 자른다.

2 마무리하기

❶ 가나슈를 탬퍼링한 다크 초콜릿으로 디핑한다. ❷ 전사지를 올리고 평평하게 한 후 눌러서 굳힌다.

01 데운 생크림, 우유, 트리몰린에 얼그레이 넣기
02 뚜껑 덮어 10분 동안 우려내기
03 체에 거르기
04 녹인 다크 초콜릿에 03을 넣고 유화시키기
05 버터 넣기
06 바믹서로 섞기
07 틀에 부어 만든 가나슈를 자른 후
다크 초콜릿으로 디핑한 다음 전사지로 눌러 굳히기

피스타치오 페이스트 만들기

Stuff

- 물 120g
- 설탕 320g
- 바닐라 빈 1개
- 피스타치오 480g

Basic Tip

❶ 물, 설탕, 바닐라 빈을 섞어 끓인다.
❷ 불을 끄고 구운 피스타치오를 넣고 골고루 섞는다.
❸ 설탕이 하얗게 재결정화될 때까지 계속 섞는다.
❹ 다시 열을 가해 캐러멜화 시킨다.
❺ 실팻에 펼쳐서 식힌다.
❻ 로보쿠프(분쇄기)에 넣고 곱게 간다.
❼ 피스타치오 페이스트.

01 물, 설탕, 바닐라 빈 끓이기
02 피스타치오 넣기
03 설탕이 재결정화 될 때까지 섞기
04 캐러멜화 시키기
05 실팻에 펼쳐 식히기
06 로보쿠프에 넣고 갈기
07 피스타치오 페이스트

패션 *Passion*

피스타치오 페이스트로 반죽한 마지팬의 쫀득함과 패션 프루츠 특유의 맛이 어우러진 초콜릿

재 료
(128개분)

- 패션 프루츠 퓌레 91g
- 코코넛 퓌레 46g
- 트리몰린 46g
- 다크 초콜릿(66%) 91g
- 밀크 초콜릿 274g
- 버터 46g
- 마지팬(50%) 143g
- 피스타치오 페이스트 14g

Cooking Tip
피스타치오 페이스트 만드는 방법은
34쪽을 참조하세요.

1 가나슈 만들기

❶ 패션 프루츠 퓌레, 코코넛 퓌레를 데운 다음 트리몰린과 섞는다. ❷ 녹인 다크 초콜릿, 밀크 초콜릿에 ①을 조금씩 나누어 섞어 유화시킨다. ❸ ②가 37℃가 되면 버터를 넣고 바믹서로 섞는다. ❹ 탬퍼링한 다크 초콜릿을 얇게 펼친 다음 25cm×25cm×1cm(가로×세로×높이) 크기의 틀을 올린다. ❺ 마지팬을 부드럽게 풀어준 다음 피스타치오 페이스트와 섞는다. ❻ ④ 위에 ⑤를 얇게 펼친 다음 ③을 부어 평평하게 만들어 굳힌 후 1.5cm×3cm(가로×세로) 크기로 자른다.

2 마무리하기

❶ 가나슈를 탬퍼링한 다크 초콜릿으로 디핑한다. ❷ 전사지를 올리고 평평하게 한 후 눌러서 굳힌다.

01 데운 패션 프루츠 퓌레, 코코넛 퓌레에 트리몰린 섞기 02 녹인 초콜릿에 01 섞어 유화시키기
03 버터 넣고 바믹서로 섞기 04 탬퍼링한 다크 초콜릿을 얇게 펼친 다음 틀 올리기
05 마지팬을 부드럽게 풀어 피스타치오 페이스트와 섞기 06 가나슈 틀에 05를 얇게 펼치기
07 유화시킨 가나슈를 06 위에 부어 평평하게 한 후 굳히기
08 1.5cm×3cm(가로×세로) 크기로 자른 가나슈를 다크 초콜릿으로 디핑하기 09 전사지 올리기

라벤더 *Lavender*

밀크 초콜릿과 라벤더의 향기가 은은하게 밴 초콜릿

재 료
(100개분)

- 생크림 205g
- 트리몰린 63g
- 라벤더 8g
- 밀크 초콜릿 395g
- 버터 78g

1 가나슈 만들기

❶ 생크림, 트리몰린을 섞어 데운 후 라벤더를 넣고 뚜껑을 덮은 채 10분 동안 우려낸다. ❷ ①을 체에 거른 다음 녹인 밀크 초콜릿에 조금씩 나누어 섞어 유화시킨다. ❸ ②가 37℃가 되면 버터를 넣고 바믹서로 섞는다. ❹ ③을 25㎝×25㎝×1㎝(가로×세로×높이) 크기의 틀에 부어 굳힌 다음 2.5㎝×2.5㎝(가로×세로) 크기로 자른다.

2 마무리하기

❶ 가나슈를 탬퍼링한 다크 초콜릿으로 디핑한다. ❷ 굳기 전에 보라색 색소를 섞은 카카오 버터를 올린다.

01 다크 초콜릿으로 디핑한 가나슈 건져 올리기
02 색소 입힌 카카오 버터 올리기

피스타치오 *Pistachio*

피스타치오를 캐러멜화하여 초콜릿과 혼합한 부드러운 초콜릿

재 료
(100개분)

- 생크림 194g
- 트리몰린 53g
- 밀크 초콜릿 381g
- 피스타치오 페이스트 68g
- 버터 53g

Cooking Tip
피스타치오 페이스트 만드는 방법은
34쪽을 참조하세요.

1 가나슈 만들기
❶ 생크림, 트리몰린을 끓인 다음 녹인 밀크 초콜릿에 조금씩 나누어 섞어 유화시킨다.
❷ ①에 피스타치오 페이스트, 버터를 차례대로 넣은 다음 바믹서로 섞는다. ❸ ②를
25cm×25cm×1cm(가로×세로×높이) 크기의 틀에 부어 굳힌 다음 2.5cm×2.5cm(가로×
세로) 크기로 자른다.

2 마무리하기
❶ 가나슈를 탬퍼링한 밀크 초콜릿으로 디핑한다. ❷ 반으로 자른 피스타치오를 올리
고 굳힌다.

Cooking Tip
가나슈 만드는 방법은
18쪽을 참조하세요.

01 가나슈 만들어 밀크 초콜릿으로 디핑하기
02 반으로 자른 피스타치오 올리기

투와구떼 *Trois Goûter*

3가지 맛이라는 뜻의 투와구떼는 라임의 시큼·상큼함과 피스타치오 가나슈의 부드러움,
사브레 씨트롱의 바삭한 맛을 한 번에 즐길 수 있는 초콜릿

재 료
(70개분)

사브레 씨트롱
- 버터 125g
- 설탕 125g
- 생크림 25g
- 아몬드 파우더 125g
- 박력분 125g
- 베이킹 파우더 2.5g

1 사브레 씨트롱 만들기

❶ 버터, 설탕을 비터로 믹싱한 다음 생크림을 나누어 섞는다. ❷ 체 친 가루 재료를 넣고 가볍게 섞는다. ❸ ②를 냉장고에서 하루 동안 휴지시킨 다음 2mm 두께로 밀어 편다. ❹ 지름 3cm 원형으로 찍는다. ❺ 160℃ 오븐에서 14분 정도 굽는다.

01 냉장고에서 휴지시킨 반죽 밀어 펴기
02 지름 3cm 원형으로 찍기
03 팬닝하기
04 오븐에 구워 내기

씨트롱
- 생크림 30g
- 트리몰린 7g
- 화이트 초콜릿 163g
- 라임 퓌레 45g
- 버터 10g

2 씨트롱 만들기

❶ 생크림, 트리몰린을 데운 다음 녹인 화이트 초콜릿에 조금씩 나누어 섞어 유화시킨다. ❷ ①에 라임 퓌레를 섞은 다음 37℃가 되면 버터를 넣고 바믹서로 섞는다.

01 녹인 화이트 초콜릿에 데운 생크림, 트리몰린 섞기
02 라임 퓌레 섞은 다음 버터 넣고 섞기
03 바믹서로 섞기(씨트롱 완성 이미지)

피스타치오
- 생크림 80g
- 시나몬 스틱 ½개
- 화이트 초콜릿 178g
- 피스타치오 페이스트 20g
- 버터 10g

3 피스타치오 만들기

❶ 생크림을 데운 다음 시나몬 스틱을 넣고 뚜껑을 덮은 채 10분 동안 우려낸다. ❷ ①을 체에 거른 다음 녹인 화이트 초콜릿에 조금씩 나누어 섞어 유화시킨다. ❸ 부드럽게 풀어준 피스타치오 페이스트를 ②에 넣고 섞는다. ❹ 37℃가 되면 버터를 넣고 바믹서로 섞는다.

01 피스타치오의 시나몬 우려낸 생크림을 화이트 초콜릿에 섞기
02 피스타치오 페이스트 섞기
03 버터 섞기
04 바믹서로 섞기(피스타치오 완성 이미지)

4 마무리하기

❶ 지름 3㎝ 돔형 플렉시팬에 피스타치오를 ½ 정도 짜고 그 위에 씨트롱을 짠다.

❷ 사브레 씨트롱을 화이트 초콜릿을 발라 바른 면을 아래로 하여 덮어서 굳힌다.

❸ 틀에서 빼낸 후 탬퍼링한 다크 초콜릿으로 디핑하여 굳힌다. ❹ 탬퍼링한 밀크 초콜릿으로 윗면에 무늬를 만든다.

01 플렉시팬에 피스타치오 ½ 정도 짜기
02 01 위에 씨트롱 짜기
03 사브레 씨트롱에 탬퍼링한 화이트 초콜릿 바르기
04 사브레 씨트롱 덮어 굳히기
05 틀에서 빼내기
06 다크 초콜릿으로 디핑하여 굳히기
07 탬퍼링한 밀크 초콜릿으로 무늬 만들기

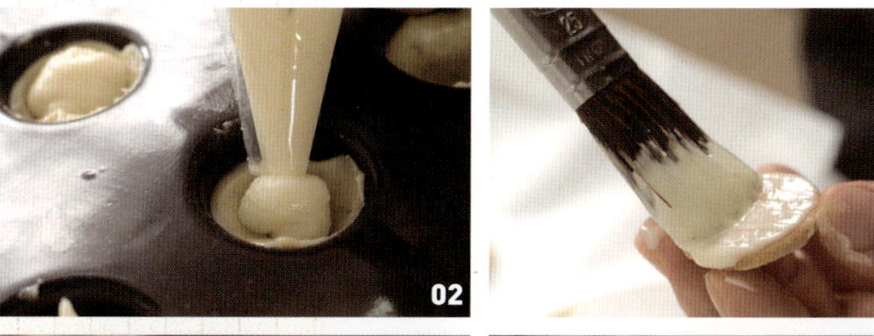

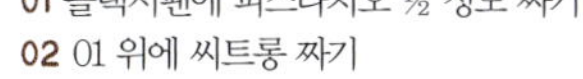

부셰트 *Buchette*

헤이즐넛 프랄리네와 아몬드 프랄리네를 사용해 견과류의 맛이 진하며 휘앙티누와 헤이즐넛을 첨가해
바삭한 식감이 느껴지는 초콜릿

- 헤이즐넛 프랄리네 225g
- 아몬드 프랄리네 225g
- 밀크 초콜릿 180g
- 휘앙티누 120g
- 헤이즐넛 아쉐 적당량

1 가나슈 만들기

❶ 헤이즐넛 프랄리네, 아몬드 프랄리네를 섞는다. ❷ 녹인 밀크 초콜릿과 ①을 섞은 다음 탬퍼링해 온도를 27℃로 맞춘다. ❸ ②에 휘앙티누를 넣어 섞는다. ❹ ③을 25㎝×25㎝×1㎝(가로×세로×높이) 크기의 틀에 부어 평평하게 한 다음 헤이즐넛 아쉐를 뿌려 굳힌다. ❺ ④를 2.5㎝×2.5㎝(가로×세로) 크기로 자른다.

2 마무리하기

❶ 탬퍼링한 밀크 초콜릿으로 디핑한다.

01 헤이즐넛 프랄리네, 아몬드 프랄리네를 섞은 후
녹인 밀크 초콜릿과 섞으며 탬퍼링 하기
02 01에 휘앙티누 섞기
03 가나슈 틀에 02를 부어 평평하게 만들기
04 헤이즐넛 아쉐 뿌려 굳히기
05 2.5㎝×2.5㎝(가로×세로) 크기로 자르기
06 탬퍼링한 밀크 초콜릿으로 디핑하기

Cooking Tip
탬퍼링을 하지 않으면 나중에 굳지 않을 수
있으므로 반드시 탬퍼링 과정을 거쳐야 한다.

누가 쇼콜라 *Nuga Chocolat*

고소한 아몬드와 알록달록 새콤한 과일 콩피, 그린 피스타치오로 만든 누가를 다크 초콜릿으로
코팅하여 처음엔 딱딱하지만 씹을수록 쫀득한 초콜릿

재 료
(100개분)

- 꿀 212g
- 생크림 212g
- 물엿 85g
- 피스타치오 홀 43g
- 아몬드 슬라이스 212g
- 오렌지 필 43g
- 파인애플 콩피 43g

1 가나슈 만들기

❶ 꿀, 생크림, 물엿을 125℃까지 끓인다. ❷ 불을 끄고 나머지 재료를 모두 섞는다.
❸ ②를 25㎝×25㎝×1㎝(가로×세로×높이) 크기의 틀에 부어 평평하게 만든 후 굳힌
다. ❹ ③을 2.5㎝×2.5㎝(가로×세로) 크기로 자른다.

2 마무리하기

❶ 가나슈를 탬퍼링한 다크 초콜릿으로 디핑한다. ❷ 완전히 굳기 전에 윗면의 절반을
틀로 눌러 무늬를 낸다.

01 꿀, 생크림, 물엿 끓이기
02 01에 견과류 및 건조 과일 섞기
03 틀에 부어 평평하게 한 후 굳히기
04 2.5㎝×2.5㎝(가로×세로) 크기로 잘라
다크 초콜릿으로 디핑하기
05 굳기 전에 윗면의 절반을 틀로 눌러 무늬내기

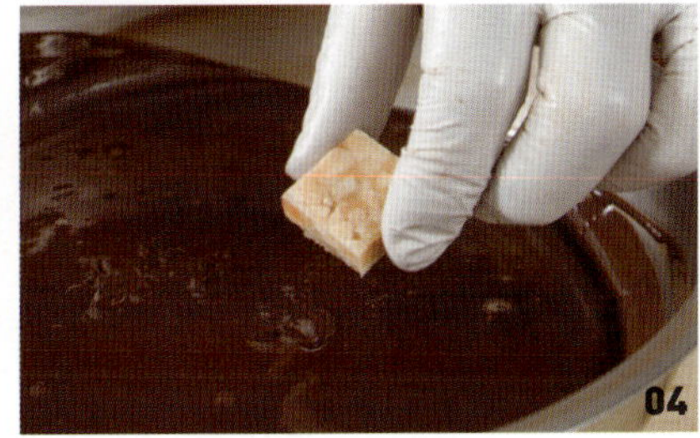

프랄린 휘앙티누 *Pral in Feuill entine*

초콜릿보다 헤이즐넛 프랄리네의 양이 많아 다른 가나슈보다 단단하며 누가틴과 휘앙티누가 들어있어
바삭한 식감을 즐길 수 있는 초콜릿

누가틴
- 물 30g
- 설탕 80g
- 아몬드 아쉐 120g

가나슈
- 카카오 버터 49g
- 밀크 초콜릿 49g
- 헤이즐넛 프랄리네 490g
- 휘앙티누 98g
- 누가틴 65g

마무리
- 코코아 파우더 적당량

1 누가틴 만들기

❶ 물, 설탕을 끓인 후 불을 끄고 아몬드 아쉐를 넣어 재결정화 될 때까지 섞는다.

❷ 다시 가열하여 캐러멜화 될 때까지 섞는다.

2 가나슈 만들기

❶ 카카오 버터, 밀크 초콜릿을 각각 녹인 다음 헤이즐넛 프랄리네와 섞는다. ❷ ①을 탬퍼링해 온도를 27℃로 맞춘 다음 휘앙티누와 다진 누가틴을 섞는다. ❸ ②를 25㎝× 25㎝×1㎝(가로×세로×높이) 크기의 틀에 부어 굳힌 다음 2.5㎝×2.5㎝(가로×세로) 크 기로 자른다.

3 마무리하기

❶ 가나슈를 탬퍼링한 다크 초콜릿으로 디핑한다. ❷ 굳기 전에 코코아 파우더를 뿌린 후 비닐로 덮고 평평하게 눌러준다.

01 다크 초콜릿으로 디핑한 가나슈에
코코아 파우더를 뿌린 후 비닐로 덮어 눌러주기

산초 *Sancho*

요리에서 향신료로 사용되는 산초 열매를 생크림에 우려내 만들어 산초의 향이 자극적인 초콜릿

- 생크림 212g
- 물엿 25g
- 트리몰린 17g
- 산초 4g
- 다크 초콜릿(66%) 170g
- 밀크 초콜릿 277g
- 버터 43g

마무리

- 금가루 적당량

1 가나슈 만들기

❶ 생크림, 물엿, 트리몰린을 섞어 데운 다음 산초를 넣고 뚜껑을 덮은 채 10분 동안 우려낸다. ❷ 녹인 다크 초콜릿, 밀크 초콜릿에 체에 거른 ①을 조금씩 나누어 섞어 유화시킨다. ❸ ②가 37℃가 되면 버터를 넣고 바믹서로 섞는다. ❹ ③을 25㎝×25㎝×1㎝(가로×세로×높이) 크기의 틀에 부어 굳힌 다음 각 변의 길이가 2.5㎝인 마름모로 자른다.

2 마무리하기

❶ 가나슈를 탬퍼링한 다크 초콜릿으로 디핑한다. ❷ ①이 완전히 굳으면 금가루를 알코올에 녹여 가운데에 바른다.

01 가나슈를 탬퍼링한 다크 초콜릿으로 디핑하기
02 금가루를 알코올에 녹여 바르기

로즈 *Rose*

재료 (100개분)
- 소르비톨 15g
- 생크림 140g
- 트리몰린 38g
- 다크 초콜릿(56%) 200g
- 밀크 초콜릿 260g
- 버터 30g
- 장미술 87g

1 가나슈 만들기

❶ 소르비톨, 생크림, 트리몰린을 끓인다. ❷ 다크 초콜릿과 밀크 초콜릿 녹인 것에 ①을 조금씩 나누어 섞어 유화시킨다. ❸ 37℃로 식으면 버터를 넣고 바믹서로 섞는다. ❹ 장미술을 넣고 섞는다. ❺ ④를 25cm×25cm×1cm(가로×세로×높이) 크기의 틀에 부어 굳힌 다음 2.5cm×2.5cm(가로×세로) 크기로 자른다.

2 마무리하기

❶ 가나슈를 탬퍼링한 다크 초콜릿으로 디핑한다. ❷ 전사지를 올리고 평평하게 눌러서 굳힌다.

후람보아즈 *Framboise*

재료 (100개분)
- 산딸기 퓌레 184g
- 트리몰린 29g
- 생크림 91g
- 다크 초콜릿(56%) 395g
- 카카오 버터 18g
- 버터 36g

1 가나슈 만들기

❶ 산딸기 퓌레와 트리몰린, 생크림을 각각 데운 후 섞는다. ❷ 다크 초콜릿과 카카오 버터를 각각 녹여 섞은 다음 ①을 조금씩 나누어 섞어 유화시킨다. ❸ ②가 37℃가 되면 버터를 넣고 바믹서로 섞는다. ❹ 25cm×25cm×1cm(가로×세로×높이) 크기의 틀에 부어 굳힌 다음 2.5cm×2.5cm(가로×세로) 크기로 자른다.

2 마무리하기

❶ 가나슈를 탬퍼링한 다크 초콜릿으로 디핑한다. ❷ 전사지를 올리고 평평하게 눌러서 굳힌다.

카페 *Café*

재료 (100개분)

- 생크림 214g ● 꿀 63g ● 포도당 19g ● 인스턴트 커피 7g
- 다크 초콜릿 385g ● 커피 리큐르 20g ● 버터 43g

1 가나슈 만들기

❶ 생크림, 꿀, 포도당을 데운 후 인스턴트 커피를 섞는다. ❷ ①을 녹인 다크 초콜릿에 조금씩 나누어 섞어 유화시킨 다음 커피 리큐르를 섞는다. ❸ ②가 37℃가 되면 버터를 넣고 바믹서로 섞는다. ❹ ③을 25cm×25cm×1cm(가로×세로×높이) 크기의 틀에 부어 굳힌 다음 2.5cm×2.5cm(가로×세로) 크기로 자른다.

2 마무리하기

❶ 가나슈를 탬퍼링한 다크 초콜릿으로 디핑한다. ❷ 전사지를 올리고 평평하게 눌러서 굳힌다.

민트 *Mint*

재료 (128개분)

- 생크림 205g ● 트리몰린 36g ● 민트 8g
- 밀크 초콜릿 395g ● 버터 78g

1 가나슈 만들기

❶ 생크림, 트리몰린을 데운 후 민트를 넣고 뚜껑을 덮어 10분 동안 우려낸다. ❷ ①을 체에 거른 다음 녹인 밀크 초콜릿에 조금씩 나누어 섞어 유화시킨다. ❸ ②가 37℃가 되면 버터를 넣고 바믹서로 섞는다. ❹ ③을 25cm×25cm×1cm(가로×세로×높이) 크기의 틀에 부어 굳힌 다음 1.5cm×3cm(가로×세로) 크기로 자른다.

2 마무리하기

❶ 가나슈를 탬퍼링한 다크 초콜릿으로 디핑한다. ❷ 전사지를 올리고 평평하게 눌러서 굳힌다.

앙즈 *Anzu*

재 료
(3개분)

- 화이트 초콜릿 100g
- 카카오 버터 14g
- 건조 살구 40g

1 가나슈 만들기

❶ 화이트 초콜릿과 카카오 버터를 각각 녹인 후 섞어 탬퍼링한다. ❷ 작게 자른 건조 살구를 넣고 섞는다. ❸ 초콜릿 몰드에 부어 평평하게 한 후 굳힌다.

2 틀에서 빼기

❶ 초콜릿이 완전히 굳으면 뒤집어서 충격을 주어 틀에서 빼낸다.

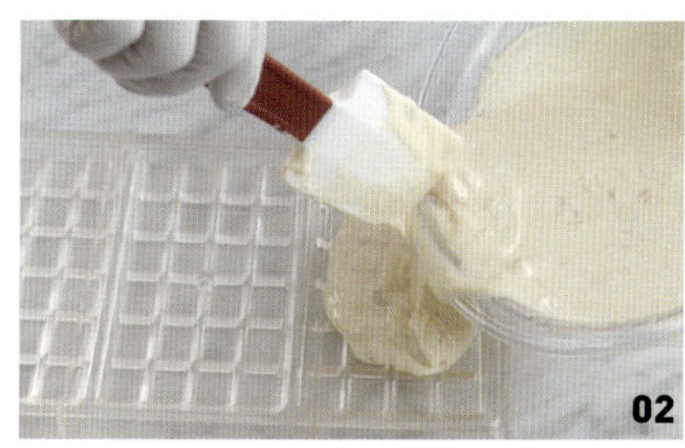

01 탬퍼링한 화이트 초콜릿, 카카오 버터에 건조 살구 섞기
02 01을 초콜릿 몰드에 붓기
03 평평하게 하여 굳히기
04 틀에서 빼기
05 앙즈 완성 이미지

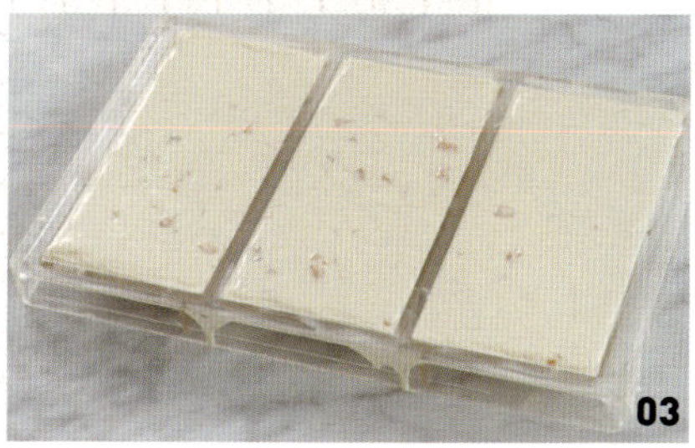

시오 캐러멜 *Cio Caramel*

설탕을 캐러멜화하여 씁쓸한 단맛에 소량의 게랑드 소금을 첨가, 소금의 양은 적지만
단맛보다 짠맛이 강한 초콜릿

재 료
(30개분)

- 설탕 14g
- 생크림 100g
- 밀크 초콜릿 55g
- 다크 초콜릿(66%) 55g
- 게랑드 소금 1g
- 버터 14g

1 가나슈 만들기

❶ 설탕을 캐러멜화 한 후 데운 생크림을 섞는다. ❷ 녹인 밀크 초콜릿, 다크 초콜릿에 ①을 조금씩 나누어 섞는다. ❸ ②에 게랑드 소금을 섞은 다음 37℃가 되면 버터를 넣고 바믹서로 섞는다. ❹ 탬퍼링한 다크 초콜릿을 몰드에 채운다. ❺ 몰드 옆면을 쳐서 내부의 공기를 제거한다. ❻ ⑤를 뒤집어 중앙의 초콜릿을 비운 후 그대로 굳힌다. ❼ 초콜릿이 완전히 굳으면 스크레이퍼로 여분의 초콜릿을 긁어낸다. ❽ ⑦ 안에 ③을 짠다. ❾ 탬퍼링된 다크 초콜릿으로 뚜껑을 덮어 굳힌다.

2 틀에서 빼기

❶ 초콜릿이 완전히 굳으면 뒤집어서 충격을 주어 틀에서 빼낸다.

01 탬퍼링한 다크 초콜릿을 몰드에 채우기
02 01의 몰드를 뒤집어 중앙의 초콜릿을 비운 후 굳히기
03 스크레이퍼로 여분의 초콜릿 긁어내기
04 03에 유화시킨 가나슈 채우기
05 탬퍼링한 다크 초콜릿으로 뚜껑을 덮어 굳히기
06 틀에서 빼기

아모르 *Amor*

사랑을 뜻하는 '아모르'라는 이름처럼 정열을 상징하는 빨간색의 대표 과일 딸기와 산딸기 퓌레에
딸기술을 넣어 달콤함과 함께 딸기 향기가 듬뿍 느껴지는 초콜릿

재 료
(30개분)

- 산딸기 퓌레 5g
- 딸기 퓌레 42g
- 밀크 초콜릿 96g
- 다크 초콜릿(64%) 36g
- 생크림 18g
- 버터 4g
- 스트로베리 리큐르 35g

1 가나슈 만들기

❶ 산딸기 퓌레, 딸기 퓌레를 데운 다음 녹인 밀크 초콜릿, 다크 초콜릿에 조금씩 나누어 섞는다. ❷ ①에 데운 생크림을 넣고 유화시킨 후 37℃가 되면 버터를 넣고 바믹서로 섞는다. ❸ ②에 스트로베리 리큐르를 섞는다.

2 화이트 초콜릿 몰딩하기

❶ 하트 모양의 몰드에 흰색, 빨간색 색소로 피스톨레 한 다음 탬퍼링한 화이트 초콜릿을 채운다. ❷ 몰드 옆면을 쳐서 내부의 공기를 제거한다. ❸ ②를 뒤집어 중앙의 초콜릿을 비운 후 그대로 굳힌다. ❹ 초콜릿이 완전히 굳으면 스크레이퍼로 여분의 초콜릿을 긁어낸다.

01 하트 모양의 몰드에 흰색, 빨간색 색소로 피스톨레하기
02 탬퍼링한 화이트 초콜릿으로 몰드 채우기
03 평평하게 고르기
04 몰드를 뒤집어 중앙의 초콜릿 비우기
05 몰드를 뒤집은 채 굳히기
06 스크레이퍼로 여분의 초콜릿 긁어내기

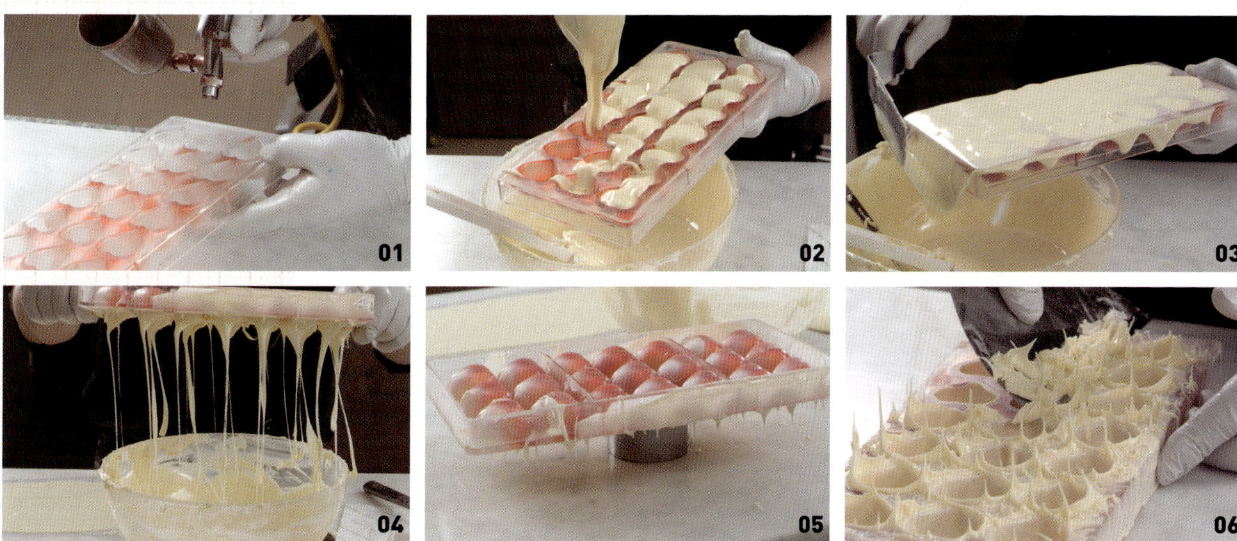

3 다크 초콜릿 몰딩하기

❶ 완성한 하트 모양의 몰드에 탬퍼링한 다크 초콜릿을 채운다. ❷ 몰드에 충격을 주어 내부 공기를 제거하고 뒤집어 초콜릿을 비운 후 뒤집은 상태에서 굳힌다. ❸ 초콜릿이 완전히 굳으면 스크레이퍼로 여분의 초콜릿을 긁어낸다.

01 화이트 초콜릿으로 외피가 만들어진 몰딩 틀에 다크 초콜릿 채우기
02 몰드를 뒤집어 초콜릿 비우기
03 몰드를 뒤집은 채 굳히기
04 스크레이퍼로 여분의 초콜릿 긁어내기

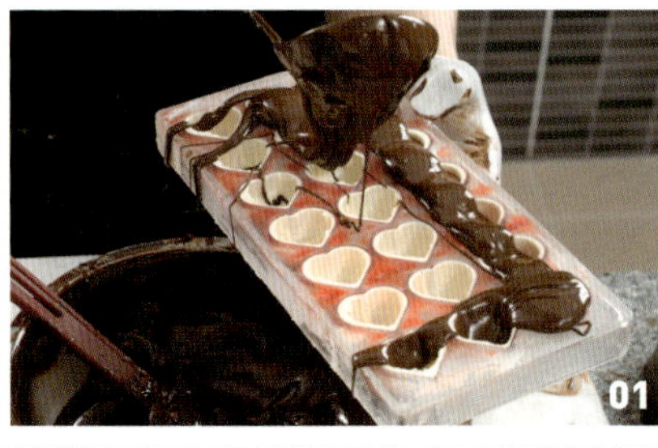
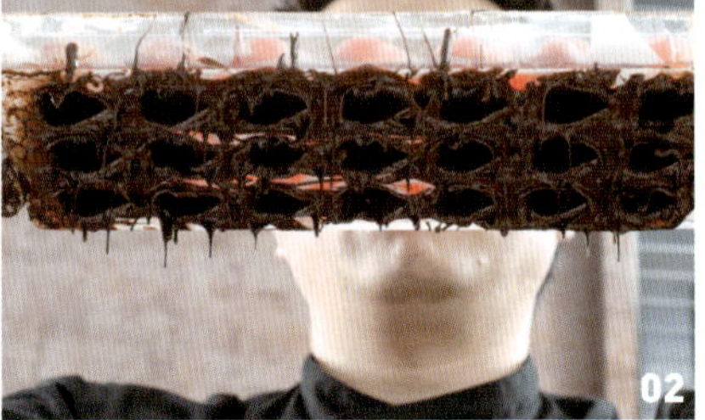

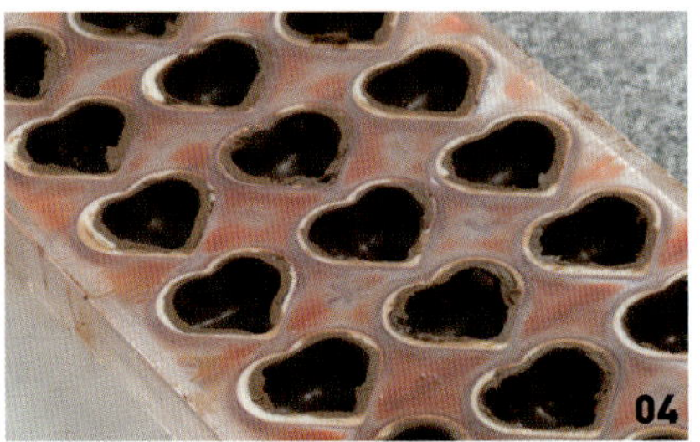

4 마무리하기

❶ 몰딩 틀이 완성되면 가나슈를 짤주머니에 넣어 짠다. ❷ 탬퍼링한 다크 초콜릿으로 뚜껑을 덮어 평평하게 한 후 굳힌다. ❸ 초콜릿이 완전히 굳으면 뒤집어서 충격을 주어 틀에서 빼낸다.

01 가나슈를 짤주머니에 넣어 짜기
02 탬퍼링한 다크 초콜릿으로 뚜껑 덮어 굳히기
03 틀에서 빼기
04 아모르 완성 이미지

우주 *Wooju*

부드러운 밀크 초콜릿과 피스타치오 페이스트를 사용한 몰드형 가나슈 초콜릿

- 생크림 130g
- 트리몰린 30g
- 밀크 초콜릿 185g
- 피스타치오 페이스트 37g
- 버터 30g

Cooking Tip
피스타치오 페이스트 만드는 방법은
34쪽을 참조하세요

1 가나슈 만들기

❶ 생크림, 트리몰린을 데운 다음 녹인 밀크 초콜릿에 조금씩 나누어 섞어 유화시킨다.

❷ ①에 피스타치오 페이스트를 섞은 다음 37℃가 되면 버터를 넣고 바믹서로 섞는다.

2 화이트 초콜릿 몰딩하기

❶ 반구형 몰드에 흰색, 녹색 색소로 피스톨레 한 다음 탬퍼링한 화이트 초콜릿을 채운다. ❷ 몰드 옆면을 쳐서 내부의 공기를 제거한다. ❸ ②를 뒤집어 중앙의 초콜릿을 비운 후 그대로 굳힌다. ❹ 초콜릿이 완전히 굳으면 스크레이퍼로 여분의 초콜릿을 긁어낸다.

01 반구형 몰드에 흰색, 녹색 색소로 피스톨레하기
02 탬퍼링한 화이트 초콜릿으로 몰드 채우기
03 평평하게 고르기
04 몰드를 뒤집어 중앙의 초콜릿 비운 후 굳히기
05 스크레이퍼로 여분의 초콜릿 긁어내기
06 화이트 초콜릿으로 몰딩하여 만든 반구형 틀 완성 이미지

3 다크 초콜릿 몰딩하기

❶ 화이트 초콜릿으로 몰딩한 반구형 몰드에 탬퍼링한 다크 초콜릿을 채운다. ❷ 충격을 주어 내부 공기를 제거하고 뒤집어 초콜릿을 비운 후 뒤집은 상태에서 굳힌다. ❸ 초콜릿이 완전히 굳으면 스크레이퍼로 여분의 초콜릿을 긁어낸다.

01 화이트 초콜릿으로 외피가 만들어진 몰드에 탬퍼링한 다크 초콜릿으로 몰딩하기
02 틀을 뒤집어 초콜릿을 비운 후 스크레이퍼로 여분의 초콜릿 긁어내기
03 화이트 초콜릿과 다크 초콜릿으로 몰딩하여 만든 반구형 틀 완성 이미지

4 마무리하기

❶ 가나슈를 짤주머니에 넣어 반구형 틀에 짠다. ❷ 탬퍼링한 다크 초콜릿으로 뚜껑을 덮어 평평하게 한 후 굳힌다. ❸ 초콜릿이 완전히 굳으면 뒤집어서 충격을 주어 틀에서 빼낸다.

01 몰드에 가나슈 채우기
02 탬퍼링한 다크 초콜릿으로 뚜껑 덮기
03 평평하게 고른 후 굳히기
04 틀에서 빼기

서강헌의 초콜릿 갤러리

호랑이 _ 2010년 백호 해를 맞이하여 한국 호랑이의 기상을 초콜릿으로 표현하였다. 얼굴과 꼬리는 화이트 초콜릿으로 빚어서 조각하고 색소와 에어 브러시를 사용하여 완성하였다.

마카롱 레드 *Macaron Red*

검붉은 마카롱 모양의 초콜릿 안에 향기로운 딸기 가나슈를 충전하고 두 개의 초콜릿 사이에
딸기 가나슈로 얇게 샌드하여 만든 초콜릿

- 설탕 15g
- 생크림 50g
- 후람보아즈 퓌레 30g
- 딸기 퓌레 20g
- 물엿 11g
- 토레하로스 6g
- 다크 초콜릿(56%) 65g
- 밀크 초콜릿 65g
- 후람보아즈 리큐르 6㎖
- 버터 18g

Cooking Tip
토레하로스가 없으면
유기농설탕으로 대체합니다.

1 가나슈 만들기

❶ 설탕을 캐러멜화 한 후 데운 생크림을 섞는다. ❷ 후람보아즈 퓌레, 딸기 퓌레, 물엿, 토레하로스를 데운 후 ①에 넣고 섞는다. ❸ ②를 체에 걸러 녹인 다크 초콜릿, 밀크 초콜릿에 조금씩 나누어 섞어 유화시킨다. ❹ 후람보아즈 리큐르를 섞는다. ❺ ④가 37℃까지 식으면 버터를 넣고 섞는다.

01 캐러멜화 한 설탕에 데운 생크림, 후람보아즈 퓌레, 딸기 퓌레, 물엿, 토레하로스 섞기
02 체에 거르기
03 녹인 다크 초콜릿, 밀크 초콜릿에 02 넣고 섞어 유화시키기
04 후람보아즈 리큐르 섞기
05 버터 넣고 섞기

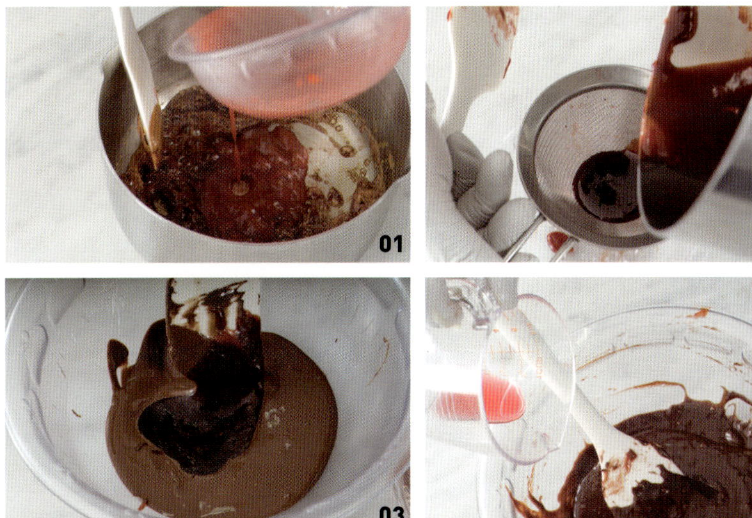

2 다크 초콜릿 몰딩하기

❶ 몰드에 흰색, 빨간색 색소로 피스톨레 한 다음 탬퍼링한 다크 초콜릿을 채운다.

❷ 몰드에 충격을 주어 내부 공기를 제거한 후 뒤집어 중앙의 초콜릿을 비운다. ❸ 뒤집은 상태에서 굳힌 후 다시 뒤집어 여분의 초콜릿을 긁어낸다.

3 마무리하기

❶ 가나슈를 짤주머니에 넣어 몰드에 짠다. ❷ 탬퍼링한 다크 초콜릿으로 뚜껑을 덮은 후 완전히 굳으면 뒤집어서 충격을 주어 틀에서 빼낸다.

01 흰색, 빨간색 색소로 피스톨레하기
02 탬퍼링한 다크 초콜릿으로 몰드 채우기
03 몰드를 뒤집어 초콜릿 비우기
04 03의 초콜릿을 굳힌 다음 스크레이퍼로 여분의 초콜릿 긁어내기
05 몰드에 가나슈 채우기
06 탬퍼링한 다크 초콜릿으로 뚜껑을 덮어 마무리한 후 틀에서 빼내기

서강헌의 초콜릿 갤러리

꽃 _ 음표를 기둥으로 하고 음정을 초콜릿의
형태로 표현한 소형 공예

트리플 로제 샴펜 *Truffle rosé Champagne*

아름다운 색상의 로제 샴페인과 브랜디를 트리플 안에 담아 화이트 초콜릿으로 디핑한 초콜릿

재 료
(35개분)

- 생크림 71g
- 트리몰린 14g
- 화이트 초콜릿 143g
- 로제 샴페인 4.3g
- 브랜디 4.4g

Cooking Tip
화이트 쉘은 시중에서 판매되고
있는 것으로 사용한다.

1 가나슈 만들기

❶ 생크림, 트리몰린을 데운 후 녹인 화이트 초콜릿에 조금씩 나누어 섞어 유화시킨다.
❷ ①에 로제 샴페인과 브랜디를 섞는다. ❸ ②가 30℃로 식으면 바믹서로 섞어 유화
시킨 다음 짤주머니에 담는다.

2 화이트 쉘에 가나슈 채우기

❶ 화이트 쉘 안에 가나슈를 90% 정도 짜서 굳힌다. ❷ ① 위에 탬퍼링한 화이트 초
콜릿을 조금 짜서 뚜껑으로 덮는다.

3 마무리하기

❶ 완성한 가나슈를 탬퍼링한 화이트 초콜릿으로 디핑한다. ❷ 초콜릿 포크로 건진 후
굴려서 모양을 낸다.

01 데운 생크림, 트리몰린을 녹인 화이트 초콜릿에
나누어 섞어 유화시키기
02 01에 로제 샴페인과 브랜디 섞기
03 바믹서로 섞어 유화시킨 후 짤주머니에 담기
04 화이트 쉘 안에 03의 가나슈를 90% 채워 굳히기
05 탬퍼링한 화이트 초콜릿으로 윗면 덮기
06 화이트 초콜릿으로 디핑하여 초콜릿 포크로 건지기
07 초콜릿 포크로 굴려 모양내기

위스키 트리플 *Whisky Truffle*

다크 트리플 안에 위스키 가나슈를 채워 진한 위스키의 맛과 향을 담은 초콜릿

재 료
(35개분)

- 생크림 75g
- 트리몰린 19g
- 다크 초콜릿(66%) 118g
- 밀크 초콜릿 30g
- 위스키 37g

Cooking Tip
다크 쉘은 시중에서 판매되고
있는 것으로 사용한다.

1 가나슈 만들기

❶ 생크림, 트리몰린을 데운 다음 녹인 다크 초콜릿과 밀크 초콜릿을 섞어 유화시킨다.

❷ ①에 위스키를 넣고 섞은 다음 30℃로 식으면 바믹서로 섞은 후 짤주머니에 담는다.

2 다크 쉘에 가나슈 채우기

❶ 다크 쉘 안에 가나슈를 90% 정도 짜서 굳힌다. ❷ ① 위에 탬퍼링한 다크 초콜릿을
조금 짜서 뚜껑으로 덮는다.

3 마무리하기

❶ 완성한 가나슈를 탬퍼링한 다크 초콜릿으로 디핑한다. ❷ 초콜릿 포크로 건진 후
굴려서 모양을 낸다.

01 데운 생크림, 트리몰린을 녹인 다크 초콜릿과
밀크 초콜릿에 섞어 유화시키기
02 01에 위스키 섞어 식히기
03 바믹서로 섞어 유화시킨 후 짤주머니에 담기
04 다크 쉘 안에 03의 가나슈를 90% 채워 굳히기
05 탬퍼링한 다크 초콜릿으로 윗면 덮기
06 다크 초콜릿으로 디핑한 후 초콜릿 포크로 건지기
07 초콜릿 포크로 굴려 모양내기

꼬냑 카페 *Cognac Café*

단맛의 화이트 혼당과 다크 초콜릿에 꼬냑과 커피의 향이 어우러지게 하여
달콤하고 향기로운 하모니의 초콜릿

- 화이트 혼당 92g
- 버터 92g
- 모카 엑기스 4.6g
- 다크 초콜릿(66%) 185g
- 꼬냑 27g
- 코코아 파우더 적당량

1 가나슈 만들기

❶ 화이트 혼당을 부드럽게 만든 다음 버터와 섞는다. ❷ ①에 모카 엑기스를 섞은 다음 녹인 다크 초콜릿과 꼬냑을 차례대로 섞어 유화시킨다.

01 화이트 혼당 부드럽게 만들기
02 버터와 섞기
03 모카 엑기스 섞기
04 녹인 다크 초콜릿 섞기
05 꼬냑 섞기
06 유화시키기

2 마무리하기

❶ 가나슈를 짤주머니에 담아 13g씩 짜서 굳힌다. ❷ 가나슈가 어느 정도 굳으면 손으로 둥글게 빚어 탬퍼링한 다크 초콜릿을 얇게 묻힌다. ❸ 다시 한 번 탬퍼링한 다크 초콜릿을 얇게 묻힌 후 코코아 파우더 위에 굴려 가루를 골고루 묻힌다.

01 가나슈를 짤주머니에 담아 짜서 굳히기
02 손으로 둥글게 빚기
03 탬퍼링한 다크 초콜릿 얇게 묻히기
04 코코아 파우더 위에 굴려 가루 묻히기
05 꼬냑 카페 완성 이미지

서강헌의 초콜릿 갤러리

러브 발렌타인 _ '러브 발렌타인'이라는 테마를 가지고
사랑을 표현했다. 비닐에 초콜릿을 펴서 재단하고 색을
이용하여 꽃을 만들었으며 원형 몰드와 하트 몰드를 이
용해 포인트를 주었다.

오렌지 트리플 *Orange Truffle*

신맛이 강한 초콜릿에 오렌지 향과 오렌지 리큐르를 첨가해 단맛이 강하지 않으면서
오렌지 향의 여운이 남는 초콜릿

재 료
(40개분)

- 오렌지 퓌레 8g
- 생크림 125g
- 잔두야 125g
- 다크 초콜릿(64%) 150g
- 카카오 버터 13g
- 그랑 마니에르 25㎖
- 슈거 파우더 적당량

1 가나슈 만들기

❶ 오렌지 퓌레, 생크림을 데운 다음 녹인 잔두야, 다크 초콜릿에 섞고 카카오 버터를 넣어 유화시킨다. ❷ ①에 그랑 마니에르를 넣고 섞는다.

2 마무리하기

❶ 가나슈를 짤주머니에 담아 13g씩 짜서 굳힌다. ❷ 가나슈가 어느 정도 굳으면 손으로 둥글게 빚어 탬퍼링한 다크 초콜릿을 얇게 묻힌다. ❸ 다시 한 번 탬퍼링한 다크 초콜릿을 얇게 묻힌 후 슈거 파우더 위에 굴려 가루를 골고루 묻힌다.

01 데운 오렌지 퓌레, 생크림을 잔두야, 다크 초콜릿에 섞기
02 카카오 버터 넣고 유화시키기
03 그랑 마니에르 섞기
04 가나슈를 짤주머니에 담아 짜서 굳히기
05 손으로 둥글게 빚어 다크 초콜릿 얇게 묻히기
06 슈거 파우더 위에 굴려 가루 묻히기

Part 2

Cookie & Cake

과자와 케이크

로쉐 코코 *Rocher Coco*

고소한 아몬드와 특유의 향을 풍기는 코코넛, 바삭한 휘앙티누를 초콜릿에 버무려 굳힌 것으로
씹을수록 고소하고 달콤한 향기가 느껴지는 초콜릿

- 칼아몬드 240g
- 코코넛롱 160g
- 현미 후레이크 240g
- 초콜릿 660g
  (다크 초콜릿, 밀크 초콜릿)

1 초콜릿 만들기

❶ 칼아몬드, 코코넛롱을 갈색이 될 정도로 굽는다. ❷ ①과 현미 후레이크를 섞는다.
❸ ②에 탬퍼링한 초콜릿(다크 또는 밀크)을 섞는다.

2 마무리하기

❶ 틀 안에 초콜릿을 채워서 굳힌 후 틀에서 빼낸다.

01 구운 칼아몬드, 코코넛롱에 현미 후레이크를 섞은 다음
탬퍼링한 초콜릿 붓기
02 골고루 섞기
03 틀에 02를 채워 굳히기
04 틀에서 **빼낸** 로쉐 코코 완성 이미지

네쥬 쇼콜라 *Neige Chocolat*

카카오 향과 아몬드의 고소함을 담은 담백한 맛의 쿠키

재료

- 무염 버터 340g
- 설탕 85g
- 파넬라 슈거 20g
- 소금 2g
- 중력분 450g
- 코코아 파우더 25g
- 슈거 파우더 500g
- 아몬드 아쉐 100g

Cooking Tip

파넬라 슈거는 사탕수수를 으깨어 즙을 추출해 수분을 제거하고 표백이나 화학처리를 하지 않은 비정제 흑설탕으로 연한 갈색을 띠고 있다.

1 반죽 만들기

❶ 버터, 설탕, 파넬라 슈거, 소금을 비터로 60% 정도 믹싱한다. ❷ 가루 재료를 체에 친 다음 ①과 섞는다. ❸ ②에 아몬드 아쉐를 섞은 다음 냉장고에서 하루 동안 숙성시킨다.

2 마무리하기

❶ 초콜릿을 8g씩 분할한 다음 타원형으로 빚은 후 철판에 팬닝하여 160℃ 오븐에서 15분 동안 굽는다. ❷ ①이 식으면 슈거 파우더와 코코아 파우더를 1000:50 비율로 섞어 골고루 묻힌다.

01 버터, 설탕, 파넬라 슈거, 소금 믹싱하기
02 체에 친 가루 재료와 01 섞기
03 아몬드 아쉐 섞기
04 비닐에 싸서 냉장고에서 숙성시키기
05 8g씩 분할하기
06 철판에 팬닝한 후 오븐에 굽기
07 슈거 파우더와 코코아 파우더 섞은 가루 묻히기

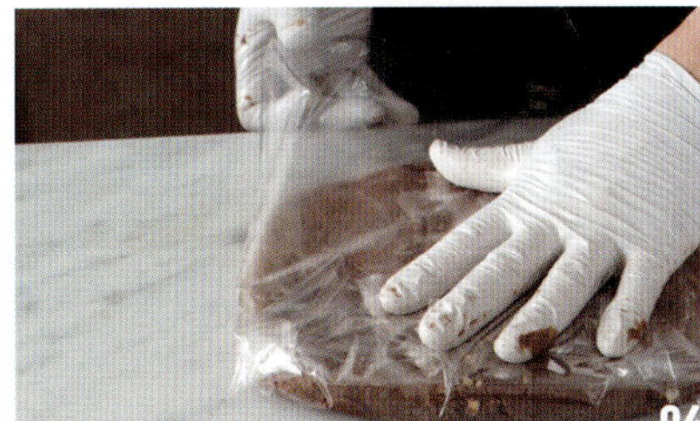

캐러멜 쇼콜라 *Caramel Chocolat*

은은한 오렌지 향을 풍기며 글라사주와 오렌지 필의 쫀득함과 쿠키의 바삭한 식감이 잘 어울리는 초콜릿 쿠키

재 료

글라사주
- 설탕 200g
- 연유 400g
- 버터 50g
- 그랑 마니에르 15g
- 다크 초콜릿(66%) 150g

1 글라사주 만들기

❶ 냄비에 설탕을 조금씩 넣으면서 녹인 후 연유를 섞는다. ❷ ①이 102℃까지 끓으면 불을 끄고 버터를 섞는다. ❸ ②에 다크 초콜릿과 그랑 마니에르를 순서대로 섞는다.

01 설탕 녹이기
02 연유 넣고 끓이기
03 버터 넣기
04 다크 초콜릿 넣기
05 그랑 마니에르 넣기
06 완전히 녹을 때까지 섞기

쇼콜라

- 버터 160g
- 설탕 120g
- 노른자 52g
- 중력분 200g
- 코코아 파우더 20g
- 아몬드 파우더 64g
- 오렌지 필 140g

2 쇼콜라 만들기

❶ 버터와 설탕을 비터로 섞으면서 노른자를 넣는다(60%믹싱). ❷ 가루 재료를 체에 친 다음 ①과 섞는다. ❸ ②에 오렌지 필 갈은 것을 섞은 후 비닐에 싸서 냉장고에서 하루 동안 숙성시킨다. ❹ ③을 2.5㎜ 두께로 밀어 편 다음 지름 6㎝ 원형 틀로 찍어낸다. ❺ ④를 철판에 팬닝한 후 160℃ 오븐에서 15분 동안 굽는다.

01 버터, 설탕, 노른자 섞기
02 체 친 가루 재료에 01 섞기
03 갈은 오렌지 필 섞기
04 비닐에 싸서 냉장고에서 숙성시키기
05 2.5㎜ 두께로 밀어 펴기
06 지름 6㎝ 원형 틀로 찍기
07 철판에 팬닝하여 오븐에서 굽기

3 마무리하기

❶ 쇼콜라를 오븐에서 꺼내 식힌다. ❷ 윗면에 글라사주를 얇게 펴 발라 굳힌다.

01 오븐에서 꺼내 식히기
02 글라사주를 얇게 펴 바른 후 굳히기
03 캐러멜 쇼콜라 완성 이미지

쇼콜라 누가티누 *Chocolat Nugatinu*

바삭한 사브레에 너트류를 사용하여 누가의 맛이 함께 어우러진 과자

사브레 쇼콜라
- 무염 버터 110g
- 슈거 파우더 70g
- 아몬드 파우더 75g
- 소금 0.5g
- 달걀 20g
- 박력분 100g
- 강력분 20g
- 코코아 파우더 15g

누가틴
- 버터 52g
- 물 15g
- 물엿 20g
- 파넬라 슈거 50g
- 코코아 파우더 6g
- 아몬드 아쉐 25g
- 그뤼드 카카오 25g

1 사브레 쇼콜라 만들기

❶ 버터, 슈거 파우더, 아몬드 파우더, 소금을 비터로 섞으면서 달걀을 넣는다(70% 믹싱). ❷ 체에 친 가루 재료를 ①과 섞고 반죽이 완성되면 비닐에 싸서 냉장고에서 하루 동안 숙성시킨다.

01 버터, 슈거 파우더, 아몬드 파우더, 소금, 달걀 섞기
02 체에 친 가루 재료 섞기
03 비닐에 싸서 냉장고에서 숙성시키기

2 누가틴 만들기

❶ 버터, 물, 물엿, 파넬라 슈거를 섞어 끓인다. ❷ ①에 코코아 파우더를 섞은 다음 아몬드 아쉐와 그뤼드 카카오를 섞는다.

01 버터, 물, 물엿, 파넬라 슈거 끓이기
02 코코아 파우더 섞기
03 아몬드 아쉐, 그뤼드 카카오 섞기

3 쿠키 성형하기

❶ 사브레 쇼콜라를 2.5㎜ 두께로 밀어 편 다음 지름 6㎝ 원형 틀로 찍어낸다. ❷ ①
의 절반을 다시 지름 3㎝의 원형 틀로 가운데를 찍어 구멍을 만든 다음 각각 철판에
팬닝한다. ❸ ②의 지름 3㎝ 구멍에 누가틴을 올린다. ❹ 누가틴을 올린 샤브레 쇼콜
라와 샌드할 나머지 ½ 분량의 사브레 쇼콜라를 모두 160℃ 오븐에서 13~15분 동안
굽는다.

01 사브레 쇼콜라를 2.5㎜ 두께로 밀어 펴기
02 지름 6㎝ 원형 틀로 찍어내기
03 지름 3㎝ 원형 틀로 가운데를 구멍낸 후 철판에 팬닝하기
04 사브레 쇼콜라 구멍에 누가틴 올려 오븐에 굽기

마무리
● 밀크 초콜릿 적당량

4 마무리하기

❶ 오븐에서 구워 낸 사브레 쇼콜라가 식으면 템퍼링한 밀크 초콜릿을 누가틴 주변에 동그랗게 두르고 나머지 사브레 쇼콜라를 위에 얹어 샌드한다.

01 템퍼링한 밀크 초콜릿 짜기
02 나머지 사브레 쇼콜라를 위에 얹어 샌드하기
03 쇼콜라 누가티누 완성 이미지

마카롱 *Macaron*

반죽에 약간의 색소와 향을 첨가해 다양한 색상의 마카롱을 만들고, 각각의 색에 어울리는 맛의
가나슈를 만들어 샌드하면 보기에도 좋고 맛도 좋은 마카롱 완성

- 물 75g
- 설탕 188g
- 흰자A 75g
- T.P.T 366g
- 코코아 파우더 36g
- 흰자B 60g

1 마카롱 반죽 만들기

❶ 물, 설탕을 117~120℃까지 가열한 후 흰자A와 휘핑해 이탈리안 머랭을 만든다.

❷ 체 친 T.P.T와 코코아 파우더에 흰자B를 섞은 다음 ①을 나누어 섞는다.

Cooking Tip

T.P.T(Tant Pour Tant)
아몬드 파우더와 슈거 파우더를 1:1로 섞은 가루

01 물, 설탕 끓이기
02 흰자A에 01을 넣어 휘핑하기
03 이탈리안 머랭 만들기
04 T.P.T와 코코아 파우더 체로 치기
05 04에 흰자B 섞기
06 05에 03을 조금씩 나누어 섞기
07 골고루 섞어 되기 맞추기

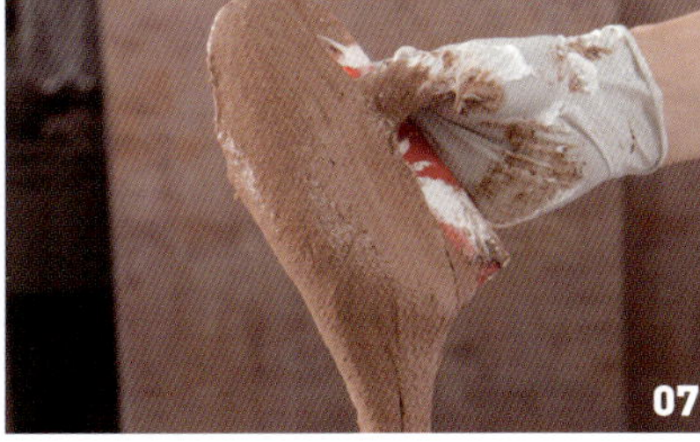

2 마카롱 만들기

❶ 마카롱 반죽을 짤주머니에 넣어 철판에 베이킹 시트를 깐 다음 그 위에 지름 4㎝의 원형으로 모양과 간격을 균일하게 짠다. ❷ 철판에 충격을 주어 퍼지도록 한다. ❸ 잘게 부순 초콜릿을 약간 뿌린 후 150℃의 컨백션 오븐에서 14∼15분간 굽는다.

01 마카롱 반죽을 짤주머니에 넣어 철판에 지름 4㎝ 원형으로 짜기
02 철판에 충격을 주어 퍼지게 하기
03 잘게 부순 초콜릿 뿌리기
04 오븐에서 굽기

3 샌드용 가나슈 만들기

❶ 생크림, 트리몰린을 가열한다. ❷ 녹인 초콜릿에 ①을 조금씩 나누어 넣으면서 섞어 유화시킨다.

01 생크림, 트리몰린을 끓여 녹인 초콜릿에 나누어 섞기
02 부드럽게 유화시키기

가나슈
- 생크림 300g
- 트리몰린 50g
- 초콜릿(66%) 375g

얼그레이, 민트 등 홍차 마카롱의 경우엔 가나슈에 5g의 찻잎을 추가하여 가열한 생크림에 우려내 사용한다.

4 마무리하기

❶ 샌드용 초콜릿을 짤주머니에 담아 마카롱 한쪽 면에 짠다. ❷ 다른 마카롱으로 붙여 샌드한다.

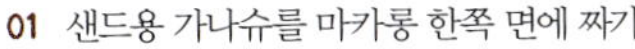

01 샌드용 가나슈를 마카롱 한쪽 면에 짜기
02 다른 마카롱으로 샌드하기
03 마카롱 완성 이미지

쇼콜라 쇼콜라 *Chocolat Chocolat*

카카오 함량이 낮은 다크 초콜릿을 이용한 케이크와 가벼운 생크림이 어우러진 초콜릿 케이크

재료
지름 15㎝ 원형 틀
(6개분)

쇼콜라

- 다크 초콜릿(56%) 500g
- 녹인 버터 450g
- 생크림 200g
- 그랑 마르니에 100g
- 노른자 400g
- 설탕A 200g
- 흰자 1,400g
- 설탕B 400g
- 코코아 파우더 420g
- 박력분 100g

1 쇼콜라 케이크 만들기

❶ 녹인 다크 초콜릿에 녹인 버터와 데운 생크림, 그랑 마르니에를 섞는다. ❷ 노른자, 설탕A를 섞은 후 ①과 섞는다. ❸ 흰자와 설탕B를 휘핑해 머랭을 만든다. ❹ ②에 ③의 ½을 섞은 다음 체에 친 가루 재료를 섞는다. ❺ ④에 나머지 머랭을 섞은 다음 지름 15㎝ 원형 틀에 270g씩 팬닝한다. ❻ ⑤를 윗불 170℃, 아랫불 150℃ 오븐에서 25분간 구운 후 틀을 제거한다.

01 녹인 버터, 데운 생크림, 그랑 마니에르 섞기
02 녹인 다크 초콜릿에 01 섞기
03 노른자와 설탕A를 섞어 02에 섞기
04 흰자와 설탕B를 휘핑해 머랭을 만들어 ½분량만 섞기
05 체에 친 가루 재료 섞기
06 나머지 머랭 섞기
07 지름 15㎝ 원형 틀에 270g씩 팬닝하기
08 오븐에 굽기

바카디 시럽
- 시럽 350g
- 바카디 럼 140g

크렘 샹티
- 생크림 375g
- 설탕 38g
- 젤라틴 1.5g

장식용 화이트 생 초콜릿
- 화이트 초콜릿 700g
- 카카오 버터 50g
- 코코넛 퓌레 184g
- 트리몰린 72g
- 버터 61g
- 코코넛 리큐르 20g

2 바카디 시럽 만들기

❶ 시럽과 바카디 럼을 섞는다.

3 크렘 샹티 만들기

❶ 생크림에 설탕을 넣고 90% 휘핑한다. ❷ ①에 녹인 젤라틴을 넣고 가볍게 섞는다.

4 장식용 화이트 생 초콜릿 만들기

❶ 화이트 초콜릿과 카카오 버터를 녹인다. ❷ 코코넛 퓌레와 트리몰린을 80℃까지 데운다. ❸ ①에 ②를 조금씩 섞어 유화시킨다. ❹ 버터와 코코넛 리큐르를 순서대로 넣고 섞는다. ❺ 두께 1㎝의 틀에 펼친 후 굳힌다. ❻ 원하는 크기로 자른 후 슈거 파우더를 묻힌다.

01 생크림에 설탕을 넣고 휘핑한 다음 녹인 젤라틴을 섞어 크렘 샹티 만들기

5 마무리하기

❶ 쇼콜라 케이크가 식으면 바카디 시럽을 골고루 바른다. ❷ 크렘 샹티를 짤주머니에 담아 ① 위에 나선형으로 돌려서 짠다. ❸ 다크 초콜릿과 카카오 버터 섞은 것으로 피스톨레한다.

01 틀을 제거한 쇼콜라 케이크에 바카디 시럽을 바르기
02 크렘 샹티를 나선형으로 돌려짜기
03 다크 초콜릿과 카카오 버터 섞은 것으로 피스톨레하기

쇼콜라 파운드 *Chocolat Pound*

일본인 가와무라 히데키의 파운드 기법으로 모든 재료를 로보쿠프를 이용해 믹싱하여 구운 후
꼬냑과 오렌지 시럽에 충분히 적셔 초콜릿 맛과 오렌지 향이 가득한 케이크

쇼콜라 파운드

- 슈거 파우더 575g
- 달걀 540g
- 박력분 487g
- 코코아 파우더 112g
- 베이킹 파우더 17g
- 녹인 버터 600g
- 오렌지 필 800g

1 쇼콜라 파운드 만들기

❶ 오렌지 필을 제외한 모든 재료를 섞은 후 로보쿠프(분쇄기)에 돌려 믹싱한다. ❷ 오렌지 필을 섞은 후 소형 파운드 틀에 300g씩 팬닝한다. ❸ 170℃ 컨벡션 오븐에서 35분간 굽는다.

01 슈거 파우더에 달걀 섞기
02 체 친 가루 재료 섞기
03 녹인 버터 섞기
04 로보쿠프에 넣고 믹싱하기
05 오렌지 필 섞기
06 소형 파운드 틀에 300g씩 팬닝하기

2 시럽 만들기

❶ 물과 설탕을 끓인다. ❷ ①에 꼬냑, 그랑 마르니에, 쿠앵트로를 섞는다.

3 마무리하기

❶ 쇼콜라 파운드가 식기 전에 시럽에 담갔다 빼서 시럽이 충분히 스며들게 한다.

❷ 철망 위에 올려 식힌다.

Cooking Tip

쇼콜라 파운드가 뜨거울수록 시럽 흡수는 빠르지만
부서질 위험이 커진다.

01 설탕, 물 끓이기
02 꼬냑, 그랑 마르니에, 쿠앵트로 섞어 시럽 만들기
03 쇼콜라 파운드를 시럽에 담갔다 빼기
04 시럽이 충분히 스며들게 두기

비스퀴 쇼콜라 만들기

Stuff

- 마지팬 362g
- 노른자 180g
- 흰자 270g
- 박력분 44g
- 코코아 파우더 80g
- 설탕A 224g
- 달걀 168g
- 설탕B 38g
- 전분 44g
- 무염 버터 80g

Basic Tip

❶ 마지팬, 설탕A를 섞은 후 노른자, 달걀을 여러 번에 나누어 섞는다

❷ ①을 40℃까지 중탕하여 섞어 부드럽게 유화시킨다.

❸ 흰자, 설탕B를 휘핑해 머랭을 만든다.

❹ ②에 ③의 ½ 정도를 섞은 후 체 친 가루 재료를 섞는다.

❺ 나머지 머랭을 섞은 후 버터를 섞는다.

❻ 철판에 팬닝한 후 160℃ 오븐에서 10~12분간 굽는다.

01

02

03

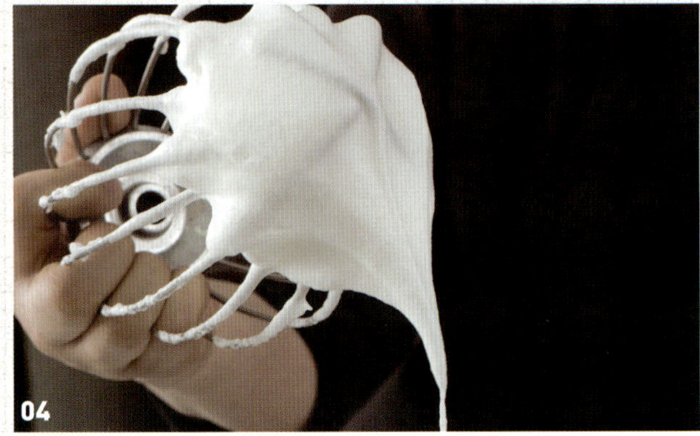

04

비스퀴 조콩드 만들기

- 달걀 325g
- 아몬드 파우더 150g
- 슈거 파우더 150g
- 흰자 120g
- 설탕 46g
- 박력분 40g
- 버터 30g

Basic Tip

❶ 달걀에 체에 친 아몬드 파우더, 슈거 파우더를 섞는다.

❷ 흰자와 설탕을 준비한다.

❸ ②를 휘핑해 머랭을 만든다.

❹ ①에 ③을 ½ 정도 섞는다.

❺ 체에 친 박력분을 섞는다.

❻ 나머지 머랭을 넣어 섞은 다음 녹인 버터를 섞는다.

❼ ⑥을 철판에 팬닝한다.

❽ 190℃ 오븐에서 12분 정도 굽는다.

01 달걀, 아몬드 파우더, 슈거 파우더 휘핑하기
02 흰자, 설탕을 휘핑해 머랭을 만든 다음 01에 1/2 섞기
03 체 친 가루 재료 섞기
04 나머지 머랭 섞기
05 녹인 버터 섞기
06 철판에 팬닝하기
07 오븐에 굽기

쇼콜라 후람보아즈 *Chocolat Framboise*

비스퀴 쇼콜라에 가나슈 후람보아즈와 가벼운 샹티 쇼콜라 크림이 겹겹이 쌓인 새콤함과 달콤함이 어우러진 케이크

재 료
8cm×37cm 사각틀
(5개분)

비스퀴 조콩드
- 달걀 650g
- 아몬드 파우더 300g
- 슈거 파우더 300g
- 흰자 240g
- 설탕 92g
- 박력분 80g
- 버터 60g

비스퀴 쇼콜라
- 마지팬 362g
- 설탕A 224g
- 노른자 180g
- 달걀 168g
- 흰자 270g
- 설탕B 38g
- 박력분 44g
- 전분 44g
- 코코아 파우더 80g
- 무염버터 80g

샹티 쇼콜라
- 밀크 초콜릿 220g
- 다크 초콜릿(64%) 130g
- 젤라틴 5g
- 생크림 950g

1 비스퀴 조콩드 만들기
❶ 달걀에 체에 친 아몬드 파우더, 슈거 파우더를 섞는다. ❷ 흰자와 설탕을 휘핑해 머랭을 만든다. ❸ ①에 ②를 ½ 정도 섞은 다음 체에 친 박력분을 섞는다. ❹ 나머지 머랭을 ③에 넣고 녹인 버터를 섞는다. ❺ ④를 철판에 팬닝한 다음 190℃ 오븐에서 12분 정도 굽는다.

2 비스퀴 쇼콜라 만들기
❶ 마지팬, 설탕A, 노른자, 달걀을 믹싱한다. ❷ ①을 40℃까지 중탕한 다음 휘핑한다. ❸ 흰자, 설탕B를 휘핑해 머랭을 만든다. ❹ ②에 ③의 ½을 섞은 다음 체에 친 가루 재료를 넣어 섞는다. ❺ 나머지 머랭을 ④에 넣고 섞은 다음 녹인 버터를 섞는다. ❻ ⑤를 철판에 팬닝한 다음 190℃ 오븐에서 10분 정도 굽는다.

Cooking Tip
비스퀴 조콩드 만드는 방법은 110쪽,
비스퀴 쇼콜라 만드는 방법은 108쪽을 참조하세요

3 샹티 쇼콜라 만들기
❶ 밀크 초콜릿, 다크 초콜릿을 45℃로 녹인다. ❷ 소량의 생크림과 젤라틴을 섞은 후 ①과 섞는다. ❸ 70% 휘핑한 생크림을 ②와 섞는다.

01 녹인 밀크 초콜릿과 다크 초콜릿에 생크림과 젤라틴 섞기
02 70% 휘핑한 생크림 섞기
03 샹티 쇼콜라 완성 이미지

4 가나슈 후람보아즈 만들기

❶ 밀크 초콜릿, 다크 초콜릿을 녹인다. ❷ 생크림, 물엿, 산딸기 퓌레를 80℃까지 데운다. ❸ ①에 ②를 조금씩 나누어 섞으면서 유화시킨 다음 산딸기 리큐르를 섞는다.

5 시럽 만들기

❶ 17 보메 시럽과 화이트 와인을 섞는다.

6 잼 만들기

❶ 라즈베리 잼, 산딸기 퓌레를 섞어 농도가 진해질 때까지 끓인다.

01 녹인 밀크 초콜릿, 다크 초콜릿에 데운 생크림, 물엿, 산딸기 퓌레 넣어 유화시키기
02 산딸기 리큐르를 섞어 완성하기

마무리
- 가토 쇼콜라용 글리사주

7 마무리하기

❶ 비스퀴 조콩드를 8㎝×37㎝ 크기의 틀에 맞게 잘라 시럽을 듬뿍 발라준 다음 잼을 바른다. ❷ 틀을 씌운 다음 안에 샹티 쇼콜라를 붓고 평평하게 한 후 비스퀴 쇼콜라를 8㎝×37㎝ 크기로 잘라 올리고 시럽을 바른다. ❸ ②에 가나슈 후람보아즈를 부은 다음 평평하게 만든 후 냉동고에서 굳힌다. ❹ 틀을 제거한 후 가토 쇼콜라용 글리사주로 코팅한다.

01 비스퀴 조콩드를 틀에 맞게 자른 후 시럽 바르기
02 잼 바르기
03 틀을 씌워 샹티 쇼콜라 붓기
04 평평하게 고르기
05 비스퀴 쇼콜라 올리기
06 시럽 바르기
07 가나슈 후람보아즈 붓기
08 평평하게 만든 후 굳히기
09 틀을 제거해 틀 위에 올려놓고
가토 쇼콜라용 글리사주로 코팅하기

블루베리 쇼콜라 *Blueberry Chocolat*

두 장의 피스타치오 비스퀴와 블루베리 가나슈 크림을 샌드하고 블루베리 쇼콜라 크림으로 맛을 내
상큼하고 달콤한 블루베리 향기가 가득한 케이크

가나슈 블루베리
- 생크림 105g
- 물엿 75g
- 밀크 초콜릿 465g
- 다크 초콜릿(64%) 52g
- 블루베리 퓌레 150g
- 카시스 리큐르 30g

1 가나슈 블루베리 만들기

❶ 생크림, 물엿을 끓인 후 녹인 밀크 초콜릿, 다크 초콜릿에 조금씩 나누어 넣으면서 유화시킨다. ❷ 블루베리 퓌레, 카시스 리큐르를 순서대로 섞는다.

01 녹인 밀크 초콜릿, 다크 초콜릿에 끓인 생크림, 물엿 넣기
02 01을 섞으면서 유화시키기
03 블루베리 퓌레 섞기
04 카시스 리큐르 섞기
05 가나슈 블루베리 완성 이미지

비스퀴 피스타치오
(700g씩 팬닝)

- 마지팬 840g
- 달걀 500g
- 피스타치오 페이스트 63g
- 박력분 137g
- 베이킹 파우더 8g
- 버터 210g

시럽

- 17보메 시럽 400g
- 나폴레옹 브랜디 40g
- 카시스 리큐르 40g

2 비스퀴 피스타치오 만들기

❶ 마지팬, 달걀을 믹싱한다. ❷ 피스타치오 페이스트를 섞는다. ❸ 체 친 가루 재료를 섞는다. ❹ 녹인 버터를 섞은 후 철판에 팬닝하여 굽는다. ❺ 식으면 한쪽 면에 시럽의 절반 양을 바른 후 가나슈 블루베리를 넓게 펴 바른다. ❻ 다른 한 장의 비스퀴 피스타치오를 덮은 후 나머지 시럽을 바른다. ❼ 13㎝×13㎝(가로×세로) 크기로 자른다.

01 마지팬, 달걀을 믹싱한 볼에 피스타치오 페이스트 섞기
02 체 친 가루 재료 섞기
03 녹인 버터 섞기
04 철판에 붓기
05 평평하게 팬닝하기
06 오븐에 구워 식히기
07 시럽을 바르고 가나슈 블루베리를 펴 바른 후 다른 비스퀴 피스타치오로 덮고 시럽 바르기
08 13㎝의 정사각형으로 자르기

크렘 쇼콜라 블루베리

- 블루베리 퓌레 780g
- 설탕 90g
- 젤라틴 16g
- 다크 초콜릿 315g
- 밀크 초콜릿 155g
- 생크림 760g
- 레몬 리큐르 20g

3 크렘 쇼콜라 블루베리 만들기

❶ 데운 블루베리 퓌레에 설탕을 녹인 후 젤라틴을 섞는다. ❷ ①을 체에 거른 후 녹인 초콜릿에 2~3번에 나누어 섞는다. ❸ ②에 70% 휘핑한 생크림을 두 차례에 나누어 섞고 레몬 리큐르를 넣어 가볍게 섞는다.

01 데운 블루베리 퓌레에 설탕 녹이기
02 젤라틴 섞기
03 체에 거르기
04 녹인 초콜릿에 03 섞기
05 휘핑한 생크림 섞기
06 레몬 리큐르 섞기
07 크렘 쇼콜라 블루베리 완성 이미지

4 글라사주 만들기

❶ 생크림, 설탕, 물을 끓인다. ❷ 코코아 파우더를 한 번에 넣고 섞으면서 당도계(브릭스)로 65도가 될 때까지 졸인다. ❸ 불을 끄고 나파주와 젤라틴을 섞은 후 체에 거른다.

01 생크림, 설탕, 물 끓이기
02 코코아 파우더 섞고 졸이기
03 나파주 넣기
04 젤라틴 넣기
05 체에 거르기

마무리

- 비스퀴 쇼콜라
- 화이트 글리사주(시판)
- 카시스 퓌레

5 마무리하기

❶ 사각형 틀에 크렘 쇼콜라 블루베리를 절반 정도 부은 후 비스퀴 피스타치오를 올린다. ❷ 나머지 크렘 쇼콜라 블루베리를 부은 후 비스퀴 쇼콜라를 덮어 평평하게 하여 냉동고에서 굳힌다. ❸ 뒤집어서 틀을 제거한 후 글라사주를 부어 코팅한 후 화이트 글라사주에 카시스 퓌레 섞은 것으로 무늬를 낸다.

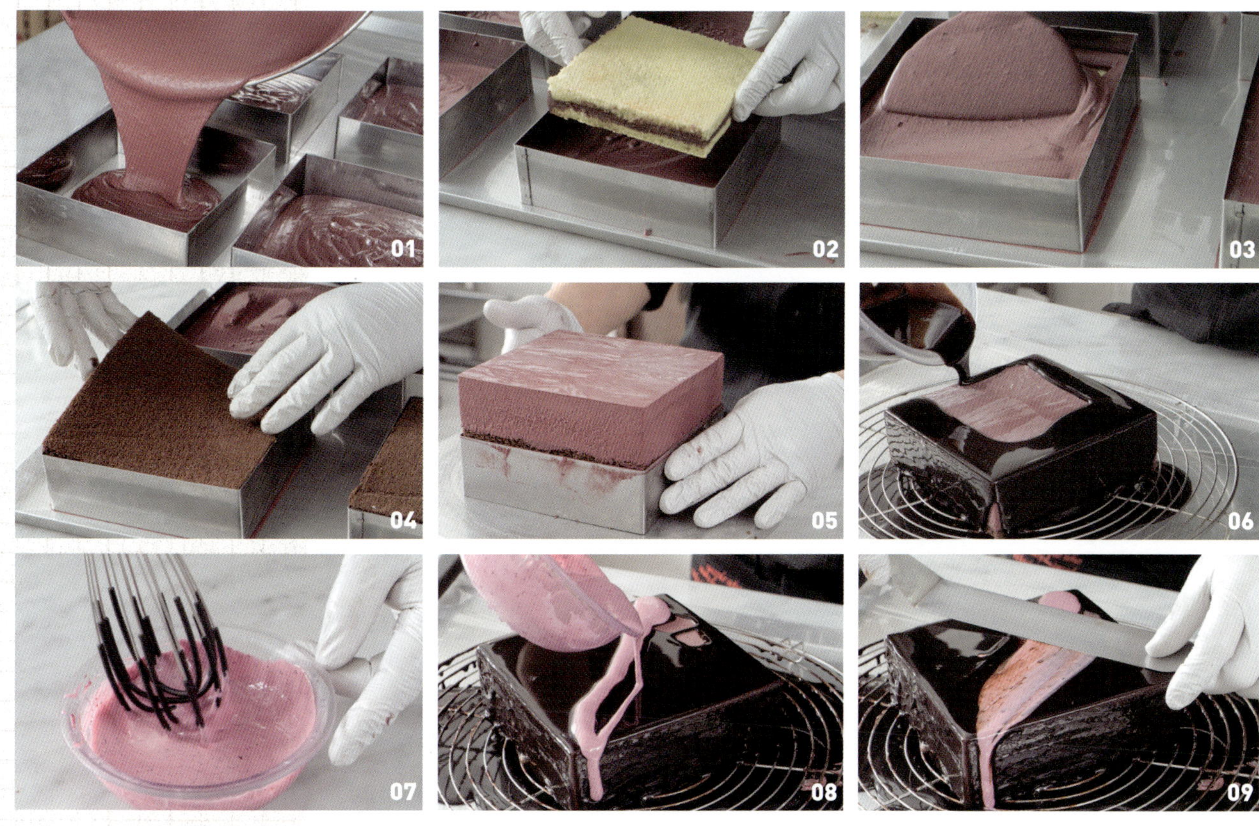

01 사각형 틀에 크렘 쇼콜라 블루베리 절반 정도 붓기
02 비스퀴 피스타치오 올리기
03 나머지 크렘 쇼콜라 블루베리 붓기
04 비스퀴 쇼콜라 덮어 냉동고에서 굳히기
05 틀 제거하기
06 글라사주 부어 코팅하기
07 화이트 글라사주에 카시스 퓌레 섞기
08 대각선 방향으로 살짝 흐르도록 붓기
09 문질러 무늬 만들기

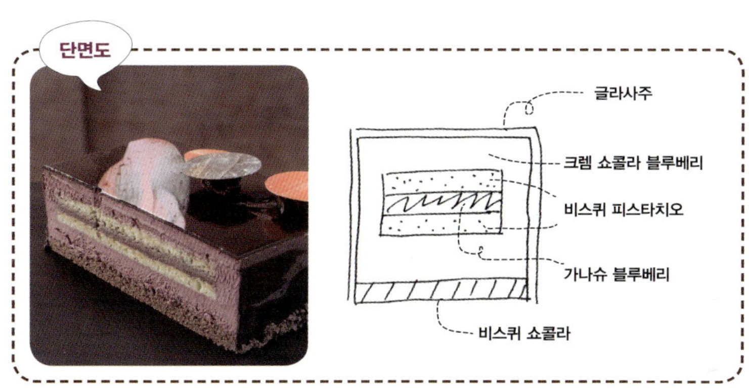

오랑주 쇼콜라 타르트 *Orange Chocolat Tarte*

초코 비스킷에 허브 가나슈의 맛과 오렌지향의 화이트 무스와 하나가 된 케이크

재 료
지름 7㎝ 돔형
(32개분)

파트 사브레
- 버터 90g
- 슈거 파우더 35g
- 달걀 25g
- 아몬드 파우더 25g
- 박력분 130g
- 코코아 파우더 15g

1 파트 사브레 만들기

❶ 버터, 슈거 파우더를 비터로 섞은 다음 달걀을 조금씩 나누어 섞는다. ❷ 체에 친 가루 재료를 ①에 넣고 섞은 후 냉장고에서 휴지시킨다. ❸ ②를 3㎜ 두께로 밀어 편 다음 원형 틀로 찍어낸다. ❹ ③을 지름 8㎝ 원형 틀에 팬닝한다. ❺ 160℃ 오븐에서 10~15분 동안 굽는다.

01 버터, 슈거 파우더, 달걀 섞기
02 체에 친 가루 재료를 01에 넣고 섞기
03 비닐로 싼 다음 냉장고에서 휴지시키기
04 3㎜ 두께로 밀어 편 다음 원형 틀로 찍기
05 지름 8㎝ 원형 틀에 팬닝하기
06 틀 위의 여분의 반죽 잘라내기
07 오븐에서 굽기
08 틀 제거하기

2 허브 가나슈 만들기

❶ 생크림을 끓인 다음 민트 잎을 넣고 15분 동안 우려낸다. ❷ ①을 체에 거른 후 전화당을 섞는다. ❸ 녹인 다크 초콜릿에 ②를 조금씩 나누어 섞어 유화시킨다.
❹ 버터와 오렌지 꽃술을 순서대로 섞는다.

01 생크림을 끓인 후 민트 잎 우려내기
02 체에 거르기
03 전화당 섞기
04 녹인 다크 초콜릿에 03 넣고 유화시키기
05 버터 섞기
06 오렌지 꽃술 섞기

화이트 무스
- 오렌지 주스 170g
- 노른자 204g
- 설탕 112g
- 젤라틴 28g
- 화이트 초콜릿 630g
- 오렌지 제스트 3개분
- 생크림 840g

3 화이트 무스 만들기

❶ 오렌지 주스를 데운다. ❷ 노른자와 설탕을 섞은 다음 ①을 넣고 82℃까지 끓여 앙글레즈를 만든다. ❸ ②에 젤라틴을 섞은 다음 체에 걸러 화이트 초콜릿에 조금씩 나누어 섞는다. ❹ 오렌지 제스트를 섞는다. ❺ 80% 휘핑한 생크림을 섞는다.

01 오렌지 주스 데우기
02 노른자와 설탕을 섞은 다음 01 넣기
03 02를 82℃까지 끓여 앙글레즈 만들기
04 젤라틴 섞기
05 화이트 초콜릿에 04를 체에 거르면서 섞어 유화시키기
06 오렌지 제스트 섞기
07 휘핑한 생크림 섞기
08 화이트 무스 완성 이미지

밀크 가나슈

- 생크림 450g
- 젤라틴 6g
- 밀크 초콜릿 300g

4 밀크 가나슈 만들기

❶ 생크림을 데워 젤라틴을 섞는다. ❷ 밀크 초콜릿에 ①의 생크림을 조금씩 나누어 섞어 유화시킨다.

01 생크림 데우기 02 젤라틴 섞기 03 밀크 초콜릿에 02를 섞어 유화시키기
04 밀크 가나슈 완성 이미지

장식용 쿠키

- 버터 60g
- 설탕 60g
- 피스타치오 분말 80g
- 박력분 60g

5 장식용 쿠키 만들기

❶ 버터와 설탕을 섞는다. ❷ 피스타치오 분말과 박력분을 섞어 반죽한다. ❸ 적당한 크기로 떼어내 베이킹 시트를 깐 철판에 올려놓는다. ❹ 160℃ 오븐에 10~15분 동안 구워낸다.

01 버터와 설탕, 피스타치오 분말, 박력분 섞어 반죽하기
02 적당한 크기로 떼어 팬닝한 후 오븐에 굽기
03 장식용 쿠키 완성 이미지

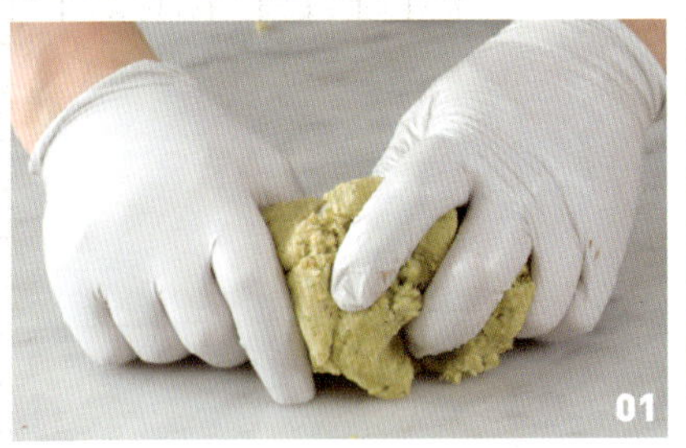  

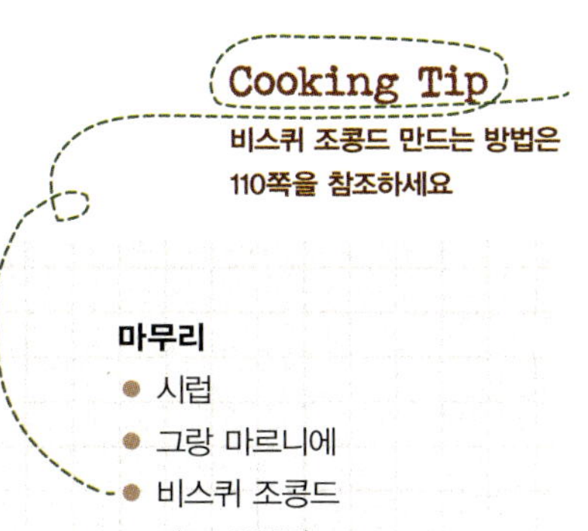

마무리
● 시럽
● 그랑 마르니에
● 비스퀴 조콩드
● 다크 초콜릿

6 마무리하기

❶ 파트 사브레에 밀크 가나슈를 부은 다음 굳힌다. ❷ ①에 허브 가나슈를 채운 후 평평하게 하여 굳힌다. ❸ 화이트 무스를 짤주머니에 넣어 돔형 플랙시팬에 채운 다음 시럽과 그랑 마르니에를 8:2로 섞어 바른 비스퀴 조콩드를 얹고 냉동고에서 굳힌다. ❹ ③을 틀에서 빼내어 다크 초콜릿으로 피스톨레 한 다음 ② 위에 올린다.

01 파트 사브레에 밀크 가나슈 채우기
02 01 위에 허브 가나슈 채우기
03 평평하게 하여 굳히기
04 돔형 플랙시팬에 화이트 무스 채우기
05 시럽과 그랑 마르니에를 바른 비스퀴 조콩드 얹기
06 냉동고에서 굳히기
07 틀에서 빼낸 후 다크 초콜릿으로 피스톨레하기
08 03 위에 올리기

패션 망고 쇼콜라 *Passion Mango Chocolat*

다쿠아즈, 초콜릿 비스켓과 망고 크림, 밀크 초코 크림의 맛이 잘 어우러진 케이크

다쿠아즈
- 흰자 270g
- 설탕 135g
- 레몬즙 4.5g
- 아몬드 파우더 216g
- 슈거 파우더 66g
- 박력분 36g

쇼콜라 갈레트
- 버터 375g
- 설탕 225g
- 게랑드 소금 5g
- 노른자 113g
- 박력분 175g
- 강력분 150g
- 베이킹 파우더 4g
- 코코아 파우더 50g

무스 지바라 패션
- 설탕 50g
- 노른자 120g
- 패션 프루츠 퓌레 80g
- 젤라틴 4g
- 밀크 초콜릿 340g
- 생크림 600g

1 다쿠아즈 만들기

❶ 흰자, 설탕, 레몬즙을 휘핑해 머랭을 만든다. ❷ ①과 체에 친 가루 재료를 섞은 다음 철판에 팬닝해 윗불 240℃, 아래불 170℃ 오븐에서 7~8분간 굽는다.

2 쇼콜라 갈레트 만들기

❶ 버터, 설탕, 게랑드 소금을 비터로 믹싱하면서 노른자를 섞는다. ❷ 체에 친 가루 재료와 ①을 섞은 다음 랩에 싸서 냉장고에서 하루 동안 휴지시킨다. ❸ ②를 3mm 두께로 밀어 편 다음 틀에 맞게 자른다. ❹ ③에 틀을 씌워 165℃ 컨벡션 오븐에서 16~18분간 굽는다.

3 무스 지바라 패션 만들기

❶ 설탕, 노른자를 섞은 후 데운 패션 프루츠 퓌레를 넣고 가열하여 앙글레즈를 만든다. ❷ ①을 체에 거른 후 휘핑한다. ❸ 녹인 밀크 초콜릿에 휘핑한 생크림 ⅓을 섞는다. ❹ 중탕으로 녹인 젤라틴에 ②를 소량 덜어서 섞은 후 다시 ②에 섞는다. ❺ ③에 ④를 섞은 후 나머지 생크림을 섞는다.

01 설탕, 노른자, 패션 프루츠 퓌레를 섞은 후 가열해 앙글레즈 만들기
02 체에 거르기
03 02를 휘핑하기
04 녹인 밀크 초콜릿에 휘핑한 생크림 ⅓과 젤라틴을 녹인 것 섞기
05 휘핑한 나머지 생크림 섞기
06 무스 지바라 패션 완성 이미지

크렘 망고
● 망고 퓌레 308g
● 패션 프루츠 퓌레 154g
● 노른자 180g
● 달걀 200g
● 설탕 200g
● 젤라틴 6g
● 버터 400g

로얄티누
● 밀크 초콜릿 90g
● 헤이즐넛 프랄리네 90g
● 휘양티누 90g
● 헤이즐넛 90g
  (분쇄기에 간 것)

4 크렘 망고 만들기

❶ 망고 퓌레, 패션 프루츠 퓌레, 노른자, 달걀, 설탕을 82℃까지 가열하면서 섞어 앙글레즈를 만든다. ❷ ①에 물에 불린 젤라틴을 섞은 다음 체에 거른다. ❸ ②가 40℃가 되면 버터를 섞은 다음 15㎝×15㎝(가로×세로) 크기의 틀에 200g씩 부어 평평하게 한 후 냉동고에서 굳힌다.

5 로얄티누 만들기

❶ 녹인 밀크 초콜릿과 헤이즐넛 프랄리네, 휘양티누, 헤이즐넛을 분쇄기에 넣고 섞는다.

01 망고 퓌레, 패션 프루츠 퓌레, 노른자, 달걀, 설탕을 끓여 앙글레즈 만들기
02 물에 불린 젤라틴 섞기
03 체에 거르기
04 버터 섞기
05 틀에 붓기
06 평평하게 한 후 냉동고에서 굳히기

마무리
● 글라사주

6 마무리하기

❶ 틀 안에 무스 지바라 패션을 ½ 정도 부은 후 크렘 망고를 올린다. ❷ 나머지 무스 지바라 패션을 붓는다. ❸ 다쿠아즈 위에 로얄티누를 바르고 쇼콜라 갈레트를 얹어 접착시킨다. ❹ ③의 다쿠아즈를 아래로 하여 ② 위에 올린 다음 평평하게 한 후 냉동고에서 굳힌다. ❺ 글라사주로 코팅한다.

01 틀 안에 무스 지바라 패션 ½ 정도 붓기
02 크렘 망고 올리기
03 나머지 무스 지바라 패션 붓기
04 다쿠아즈 위에 로얄티누 바르기
05 쇼콜라 갈레트 위에 로얄티누를 바른 다쿠아즈 올리기
06 03 위에 05의 다쿠아즈를 아래로 하여 올리기

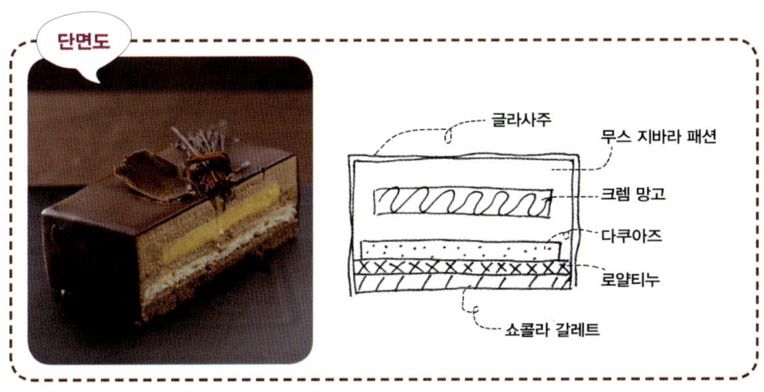

아모르 씨트롱 *Amor Citron*

바삭한 마카롱을 중앙에 넣고 상큼한 레몬 크림으로 전체를 둘러싼 케이크로
여름철 더위와 갈증을 해소시킬 수 있는 케이크

씨트롱 무스

- 레몬주스 550g
- 레몬 껍질 10g
- 노른자 121g
- 젤라틴 11.5g
- 화이트 초콜릿 1,200g
- 생크림 1,080g
- 레몬 리큐르 50g

1 씨트롱 무스 만들기

❶ 레몬주스, 레몬 껍질, 노른자를 중탕으로 섞어 앙글레즈를 만든다. ❷ 물에 불린 젤라틴을 ①에 섞고 체에 거른다. ❸ 녹인 화이트 초콜릿에 ②를 섞은 다음 어느 정도 식으면 휘핑한 생크림과 레몬 리큐르를 섞는다.

01 레몬주스, 레몬 껍질, 노른자를 끓여 앙글레즈 만들기
02 물에 불린 젤라틴 섞기
03 체에 거르기
04 녹인 화이트 초콜릿에 03 섞기
05 휘핑한 생크림 섞기
06 레몬 리큐르 섞기
07 씨트롱 무스 완성 이미지

쇼콜라 비스퀴

- 노른자 100g
- 달걀 50g
- 꿀 35g
- 설탕A 40g
- 흰자 125g
- 설탕B 50g
- 박력분 50g
- 코코아 파우더 25g
- 다크 초콜릿(70%) 35g
- 버터 25g

2 쇼콜라 비스퀴 만들기

❶ 노른자, 달걀, 꿀, 설탕A를 60% 휘핑한다. ❷ 흰자, 설탕B를 휘핑해 머랭을 만든다. ❸ ①에 ②의 ½ 분량을 넣고 섞은 다음 체에 친 가루 재료를 섞는다. ❹ ③에 녹인 다크 초콜릿, 나머지 머랭, 버터를 차례대로 섞는다. ❺ ④를 철판에 팬닝한 다음 190℃ 오븐에서 10분 정도 굽는다.

01 노른자, 달걀, 꿀, 설탕A 섞기
02 중탕해 휘핑하기
03 흰자와 설탕B를 휘핑해 머랭을 만든 다음 02에 ½ 분량을 넣어 섞기
04 체에 친 가루 재료 섞기
05 녹인 다크 초콜릿 섞기
06 나머지 머랭과 버터 섞기
07 철판에 팬닝해 오븐에서 굽기

마카롱

- 물 75g
- 설탕 188g
- 흰자A 60g
- T.P.T 375g
- 흰자B 75g

3 마카롱 만들기

❶ 물, 설탕을 끓인다. ❷ 흰자A를 휘핑하면서 ①을 흘려 넣어 이탈리안 머랭을 만든다. ❸ T.P.T와 흰자B를 카드로 섞는다. ❹ ③에 ②를 섞는다. ❺ ④를 짤주머니에 담아 철판에 지름 10㎝의 하트 모양으로 짠 후 오븐에 굽는다.

01 물, 설탕 끓이기
02 흰자A를 휘핑하면서 01 넣어 이탈리안 머랭 만들기
03 T.P.T와 흰자B 섞기
04 03에 02 넣어 섞기
05 반죽 완성
06 05를 짤주머니에 담아 지름 10㎝ 하트 모양으로 짠 다음 오븐에 굽기

4 마무리하기

❶ 하트 틀에 씨트롱 무스를 ½ 부은 다음 마카롱을 올린다. ❷ 나머지 씨트롱 무스를 부은 다음 레몬 시럽을 바른 쇼콜라 비스퀴를 덮어 평평하게 한 후 냉동고에서 굳힌다. ❸ ②를 틀에서 빼낸 다음 화이트 초콜릿과 카카오 버터, 빨간색 색소를 섞어 피스톨레한다.

01 틀에 씨트롱 무스를 ⅓ 부은 다음 마카롱 올리기
02 나머지 씨트롱 무스 붓기
03 쇼콜라 비스퀴를 하트 모양으로 잘라 레몬 시럽 바르기
04 쇼콜라 비스퀴로 덮기
05 평평하게 하여 냉동고에서 굳히기
06 틀을 제거하고 화이트 초콜릿, 카카오 버터, 빨간색 색소를 섞어 피스톨레하기

서강헌의 초콜릿 갤러리

하트 _ 색소를 이용하여 하트 형태의 몰드에 초콜릿을 굳혀서 각기 맛이 다른 봉봉 쇼콜라로 채워 사랑하는 이에게 선물로 제격이다.

서강헌의 초콜릿 갤러리

카보스 _ 초콜릿 열매 형태의 몰드에 색을 입히고 초콜릿을 씌워 속에 봉봉 쇼콜라를 가득 채운 초콜릿.

오레오레 *Ore Ore*

가벼운 밀크 초콜릿 무스와 라임, 오렌지 풍미의 크림이 하나가 된, 홍차와 함께 먹으면 잘 어울리는 케이크

가나슈 오레
- 밀크 초콜릿 662g
- 아몬드 프랄리네 331g
- 생크림 883g

1 가나슈 오레 만들기

❶ 밀크 초콜릿과 아몬드 프랄리네를 섞는다. ❷ 80℃까지 데운 생크림을 ①에 나누어 섞은 후 바믹서로 유화시킨다. ❸ 지름 15㎝ 원형 틀에 비스퀴 조콩드를 깔고 ②를 부어 냉동고에서 굳힌다.

01 밀크 초콜릿과 아몬드 프랄리네 섞기
02 데운 생크림을 나누어 넣으면서 섞기
03 바믹서로 유화시키기
04 15㎝ 원형 틀에 비스퀴 조콩드를 깔고 03을 부어 냉동고에서 굳히기

2 크림 씨트롱 만들기

❶ 설탕, 노른자 섞은 것에 데운 라임 퓌레, 오렌지 퓌레를 섞어 앙글레즈를 만든다. ❷ ①에 물에 불린 젤라틴을 섞은 다음 체에 거른다. ❸ 레몬 페이스트와 레몬 리큐르를 순서대로 섞은 다음 버터를 넣고 바믹서로 섞는다. ❹ 가나슈 오레 위에 ③을 부어 평평하게 고른 다음 냉동고에서 굳힌다.

01 설탕과 노른자 섞기
02 라임 퓌레, 오렌지 퓌레 데우기
03 01에 02를 넣어 앙글레즈 만들기
04 물에 불린 젤라틴 섞은 다음 체에 거르기
05 레몬 페이스트 섞기
06 레몬 리큐르 섞기
07 버터 넣기
08 바믹서로 섞기
09 가나슈 오레 위에 08 붓기
10 평평하게 고른 후 냉동고에서 굳히기

무스 쇼콜라 레
- 우유 662g
- 설탕 276g
- 노른자 331g
- 젤라틴 33g
- 밀크 초콜릿 883g
- 생크림 1,988g

3 무스 쇼콜라 레 만들기

❶ 우유를 데운 후 설탕, 노른자 섞은 것에 넣은 다음 중탕으로 끓여 앙글레즈를 만든다. ❷ ①에 물에 불린 젤라틴을 섞은 다음 체에 거른다. ❸ 녹인 밀크 초콜릿에 ②를 섞은 다음 어느 정도 식으면 휘핑한 생크림을 섞는다.

01 설탕, 노른자 섞기
02 01에 우유를 섞으면서 앙글레즈 만들기
03 물에 불린 젤라틴 넣기
04 체에 거르기
05 녹인 밀크 초콜릿에 04 섞기
06 휘핑한 생크림 섞기
07 무스 쇼콜라 레 완성 이미지

4 밀크 초콜릿 글라사주 만들기

❶ 생크림, 물엿, 우유를 데운다. ❷ 설탕을 캐러멜화 한 후 ①을 섞는다. ❸ 젤라틴을 섞은 후 체에 거른다. ❹ 녹인 밀크 초콜릿에 섞는다.

5 장식용 쿠키 만들기

❶ 버터와 설탕을 섞는다. ❷ 피스타치오 분말과 박력분을 섞는다. ❸ 적당한 크기로 떼어내 베이킹 시트를 깐 철판에 올려놓는다. ❹ 160℃ 오븐에 10~15분 동안 구워낸다.

01 버터와 설탕, 피스타치오 분말, 박력분을 섞어 반죽하기
02 적당한 크기로 떼어 팬닝한 후 오븐에 굽기
03 장식용 쿠키 완성 이미지

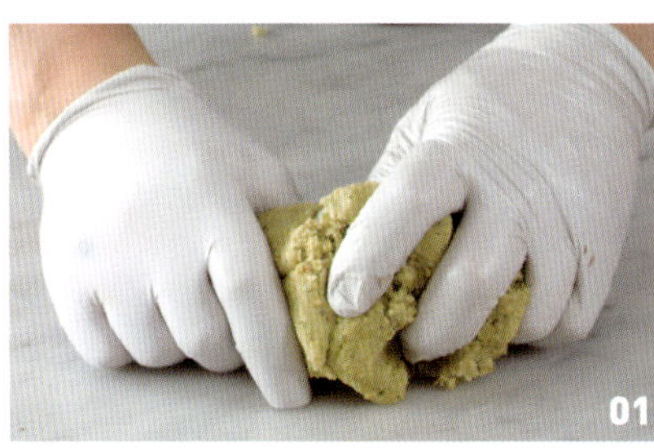

마무리
- 비스퀴 조콩드

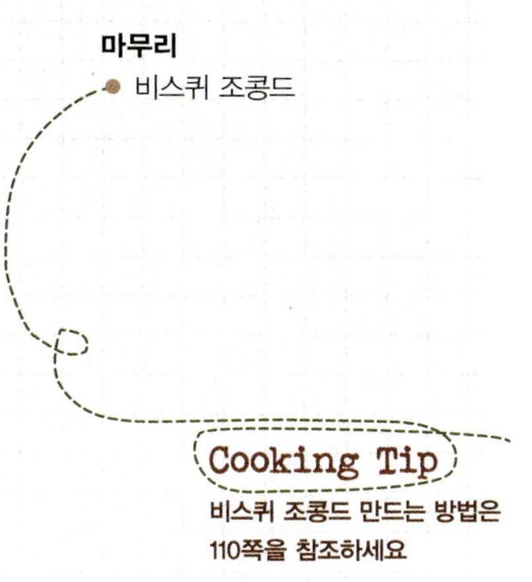

6 마무리하기

❶ 틀에 무스 쇼콜라 레를 ½ 정도 부은 다음 크림 씨트롱을 올린다. ❷ 나머지 무스 쇼콜라 레를 부은 다음 비스퀴 조콩드를 올리고 평평하게 하여 냉동고에서 굳힌다. ❸ ②의 틀을 제거한 후 밀크 초콜릿 글라사주로 코팅한다.

01 틀에 무스 쇼콜라 레 ½ 정도 붓기
02 크림 씨트롱 올리기
03 나머지 무스 쇼콜라 레를 붓고 비스퀴 조콩드 올리기
04 평평하게 하여 냉동고에서 굳히기
05 틀 제거하기
06 밀크 초콜릿 글라사주로 코팅하기

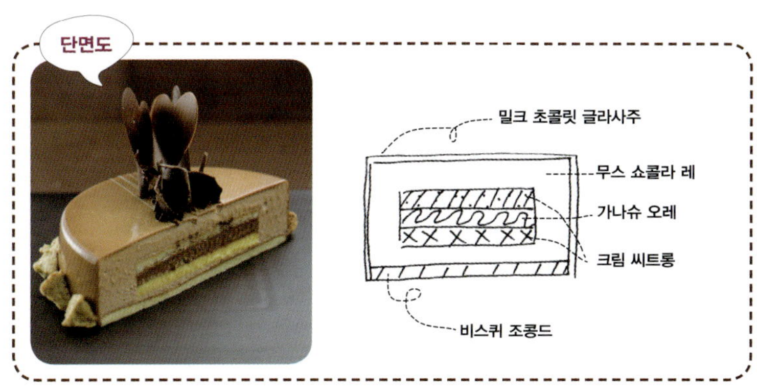

카푸치노 *Cafuchino*

커피 무스와 밀크 무스, 진한 커피 시럽이 어우러져 커피 애호가들에게 인기 있는 케이크

밀크 무스

- 설탕 184g
- 코코넛 밀크 369g
- 노른자 74g
- 젤라틴 12g
- 밀크 초콜릿 118g
- 생크림 442g

1 밀크 무스 만들기

❶ 설탕을 캐러멜화 한 다음 데운 코코넛 밀크를 섞는다. ❷ 노른자와 ①을 섞고 체에 거른 후 휘핑하여 봄브를 만든다. ❸ ②에 녹인 젤라틴을 섞은 다음 녹인 밀크 초콜릿에 섞어 유화시킨다. ❹ ③에 휘핑한 생크림을 섞는다.

01 설탕을 캐러멜화하기
02 01에 데운 코코넛 밀크 섞기
03 노른자에 02 섞기
04 체에 거르기
05 휘핑하여 봄브 만들기
06 05의 소량을 녹인 젤라틴과 섞은 후 다시 05에 섞기
07 녹인 밀크 초콜릿에 06 섞기
08 휘핑한 생크림 섞기
09 밀크 무스 완성 이미지

커피 무스

- 물 72g
- 설탕 108g
- 커피 17g
- 노른자 87g
- 다크 초콜릿 290g
- 생크림 623g

2 커피 무스 만들기

❶ 물과 설탕을 끓여 시럽을 만든다. ❷ ①과 커피를 섞은 후 노른자에 섞어 다시 한 번 끓인다. ❸ ②를 체에 거른 다음 휘핑하여 봄브를 만든다. ❹ 녹인 다크 초콜릿에 휘핑한 생크림 ⅓을 넣고 섞는다. ❺ ④에 ③을 넣고 섞은 다음 나머지 생크림을 넣고 섞는다.

01 물과 설탕을 끓인 시럽에 커피 섞기
02 노른자에 01 섞기
03 끓이기 04 체에 거르기
05 휘핑하기 06 봄브 만들기
07 녹인 다크 초콜릿에 휘핑한 생크림 ⅓을 넣고 섞기
08 07에 06 섞기
09 나머지 생크림 넣고 섞기 10 커피 무스 완성 이미지

시럽
- 에스프레소 176g
- 나폴레옹 15g
- 커피 리큐르 41g
- 시럽 41g

코팅용 초콜릿
- 다크 초콜릿(70%) 300g
- 코팅 다크 750g
- 샐러드유 120g
- 아몬드 아쉐 150g

3 시럽 만들기
❶ 모든 재료를 섞는다.

4 코팅용 초콜릿 만들기
❶ 녹인 다크 초콜릿과 코팅 다크를 섞은 다음 샐러드 유를 섞는다. ❷ 구운 아몬드 아쉐를 섞는다.

01 녹인 다크 초콜릿과 코팅 다크에 샐러드 유 섞기
02 구운 아몬드 아쉐 섞기
03 코팅용 초콜릿 완성 이미지

5 마무리하기

❶ 커피 무스를 돔형 틀의 ½ 높이까지 짠 다음 시럽에 적신 비스퀴 조콩드를 올린다.
❷ ①에 밀크 무스를 가득 채운 다음 냉동고에서 굳힌다. ❸ 밀크 무스 부분을 포크로 찍은 다음 코팅용 초콜릿에 돔형 부분만 잠기도록 담갔다 꺼내어 포크를 빼고 굳힌다.
❹ 윗면에 코코아 파우더를 뿌린다.

01 커피 무스를 돔형 틀의 ½ 높이까지 짜기
02 비스퀴 조콩드를 시럽에 적시기
03 01 위에 올리기
04 밀크 무스를 가득 채워 냉동고에서 굳히기
05 코팅용 초콜릿에 담가 돔형 부분 코팅하기
06 포크 빼고 굳히기
07 코코아 파우더 뿌리기

데코레이션
● 다크 초콜릿 적당량

6 데코레이션하기

❶ 대리석 위에 탬퍼링한 다크 초콜릿을 얇게 펼친다. ❷ 원형 틀로 긁어낸다. ❸ 긁어
낸 초콜릿을 카푸치노 위에 올린다.

01 대리석 위에 초콜릿 펼치기
02 원형틀로 긁어내기
03 초콜릿 덜어내기
04 카푸치노 위에 장식하기

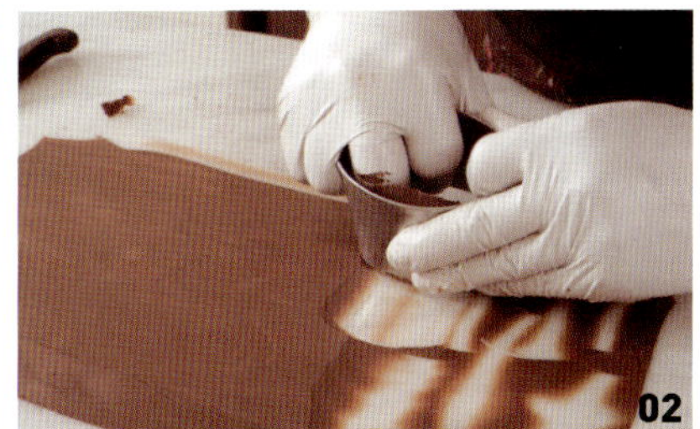

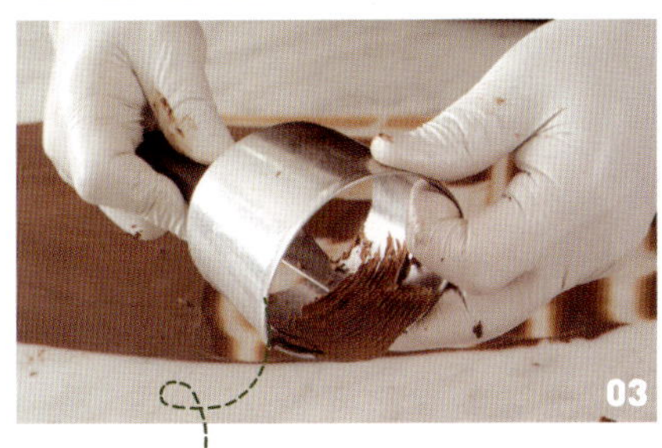

Cooking Tip
긁어내는 원형 틀의 각도에 따라
초콜릿의 긁히는 모양이 다르다.

프로방스 *Provence*

캐러멜과 밀크 초콜릿으로 만든 케이크에 생크림을 이용하여 데코레이션하고 후람보아즈 잼으로
포인트를 준 가벼운 초콜릿 케이크

재 료
지름 15㎝ 원형 틀
(7개분)

크렘 쇼콜라 캐러멜

- 설탕 500g
- 생크림A 600g
- 젤라틴 25g
- 노른자 520g
- 밀크 초콜릿 500g
- 생크림B 1,000g

1 크렘 쇼콜라 캐러멜 만들기

❶ 설탕을 캐러멜화 한 다음 데운 생크림A와 젤라틴을 순서대로 섞는다. ❷ ①과 노른자를 섞어 앙글레즈를 만든 후 체에 거른다. ❸ 녹인 밀크 초콜릿에 ②를 넣어 섞은 다음 휘핑한 생크림B와 섞는다.

01 설탕 캐러멜화하기
02 데운 생크림A와 섞기
03 젤라틴 섞기
04 노른자에 03 섞기
05 앙글레즈 만들기
06 체에 거르기
07 녹인 밀크 초콜릿에 06 섞기
08 휘핑한 생크림B와 섞기
09 크렘 쇼콜라 캐러멜 완성 이미지

무스 쇼콜라

- 우유 500g
- 젤라틴 7g
- 다크 초콜릿(56%) 560g
- 생크림 1,000g

2 무스 쇼콜라 만들기

❶ 80℃로 데운 우유에 물에 불린 젤라틴을 녹인 후 다크 초콜릿에 나누어 섞어 유화시킨다. ❷ ①을 체에 거른 다음 어느 정도 식으면 휘핑한 생크림을 섞는다.

01 데운 우유에 물에 불린 젤라틴 녹이기
02 다크 초콜릿에 01을 나누어 섞어 유화시키기
03 체에 거르기
04 휘핑한 생크림 섞기
05 무스 쇼콜라 완성 이미지

크렘 브륄레
- 생크림 824g
- 바닐라 빈 1개
- 노른자 220g
- 설탕 150g
- 젤라틴 8g

3 크렘 브륄레 만들기

❶ 생크림, 바닐라 빈 씨를 끓인 다음 노른자, 설탕 섞은 것에 넣는다. ❷ ①을 체에 걸러 84℃까지 끓인다. ❸ ②에 물에 불린 젤라틴을 넣어 섞는다. ❹ 지름 12㎝ 원형 틀에 ③을 부은 다음 냉동고에서 굳힌다.

01 생크림, 바닐라 빈 씨 끓이기
02 노른자, 설탕 섞은 것에 01 넣기
03 체에 걸러 끓이기
04 물에 불린 젤라틴 넣어 섞기
05 지름 12㎝ 원형 틀에 04 붓기
06 냉동고에서 굳히기

4 마무리하기

❶ 비스퀴 조콩드와 후람보아즈잼을 3㎝ 두께로 층층이 쌓은 후 5㎜ 폭으로 잘라 비닐 띠를 두른 지름 15㎝ 원형 틀에 두른다. ❷ 비스퀴 조콩드를 틀보다 1㎝ 작게 자른 다음 틀에 깐다. ❸ ②에 무스 쇼콜라를 부은 다음 크렘 브륄레를 올리고 살짝 눌러 냉동고에서 굳힌다. ❹ ③ 위에 크렘 쇼콜라 캐러멜을 붓고 평평하게 하여 냉동고에서 굳힌다. ❺ 틀을 제거한 후 ④의 윗면에 휘핑한 생크림으로 격자 무늬를 만든 다음 밀크 초콜릿과 카카오 버터로 피스톨레한다.

01 후람보아즈잼으로 층층이 쌓은 비스퀴 조콩드를
1㎝ 폭으로 자르기
02 원형 틀에 두르기
03 비스퀴 조콩드를 틀보다 5㎜ 작게 잘라 틀에 깔기
04 무스 쇼콜라 붓기
05 크렘 브륄레 올리기
06 살짝 눌러 냉동고에서 굳히기
07 06 위에 크렘 쇼콜라 캐러멜 붓기
08 평평하게 하여 냉동고에서 굳히기
09 생크림 휘핑하기
10 틀을 제거한 후 생크림으로 격자 무늬 만들기
11 밀크 초콜릿과 카카오 버터로 피스톨레하기
12 프로방스 완성 이미지

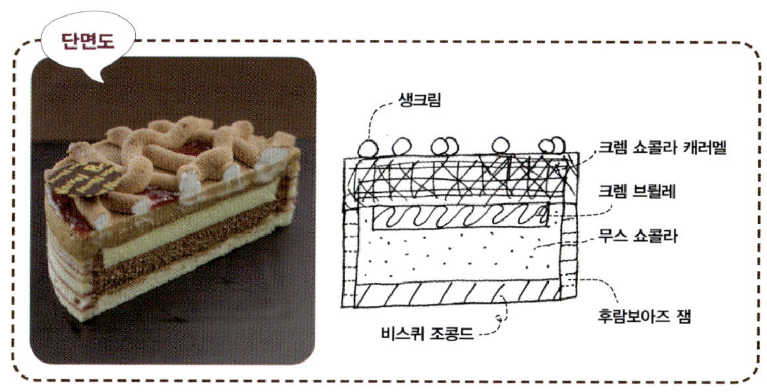

안나푸르나 *Annapurna*

다른 케이크에 비해 2배 이상 높은 빙하의 산맥 안나푸르나를 연상해서 만든 케이크

앙즈 쇼콜라

- 우유 180g
- 생크림 400g
- 노른자 8개분
- 밀크 초콜릿 300g
- 다크 초콜릿 350g
- 젤라틴 10g
- 살구 퓌레 180g
- 생크림 1,000g

1 앙즈 쇼콜라 만들기

❶ 우유와 생크림을 데운 다음 노른자와 섞는다. ❷ ①을 체에 거른 후 녹인 밀크 초콜릿, 다크 초콜릿과 섞는다. ❸ 살구 퓌레에 녹인 젤라틴을 섞은 다음 ②에 다시 한번 섞어준다. ❹ 휘핑한 생크림을 섞는다.

01 데운 우유와 생크림을 노른자와 섞기
02 체에 거르기
03 녹인 밀크 초콜릿, 다크 초콜릿과 섞기
04 살구 퓌레에 녹인 젤라틴 섞기
05 03에 04 넣어 섞기
06 휘핑한 생크림 섞기
07 앙즈 쇼콜라 완성 이미지

2 무스 루즈 만들기

❶ 설탕A, 물을 115℃까지 끓인다. ❷ 흰자, 설탕B를 가볍게 믹싱한 다음 ①을 흘려 넣으면서 섞어 이탈리안 머랭을 만든다. ❸ 딸기 퓌레, 카시스 퓌레, 레몬즙를 섞은 후 젤라틴을 넣고 ②를 나누어 섞는다. ❹ 휘핑한 생크림을 섞은 후 딸기술을 넣고 가볍게 섞는다.

01 설탕A와 물 끓이기
02 흰자, 설탕B를 가볍게 섞은 후 01 섞기
03 이탈리안 머랭 만들기
04 딸기 퓌레, 카시스 퓌레, 레몬즙을 섞은 다음 젤라틴을 넣고 03을 나누어 섞기
05 휘핑한 생크림 섞은 후 딸기술 섞기
06 무스 루즈 완성 이미지

무스 바닐라
- 우유 120g
- 생크림 74g
- 바닐라 빈 ½개
- 노른자 6개분
- 설탕 48g
- 젤라틴 12g
- 화이트 초콜릿 130g
- 생크림 790g

3 무스 바닐라 만들기

❶ 우유, 생크림, 바닐라 빈을 가열한다. ❷ 노른자, 설탕 섞은 것에 ①을 섞어 중탕하여 앙글레즈를 만든다. ❸ 물에 불린 젤라틴을 섞은 후 체에 거른다. ❹ 녹인 화이트 초콜릿과 섞는다. ❺ 휘핑한 생크림을 섞는다.

01 우유, 생크림, 바닐라 빈을 섞으면서 가열하기
02 노른자, 설탕에 01 섞기
03 앙글레즈 만들기
04 물에 불린 젤라틴 섞은 후 체에 거르기
05 녹인 화이트 초콜릿과 섞기
06 휘핑한 생크림과 섞기
07 무스 바닐라 완성 이미지

Cooking Tip
비스퀴 쇼콜라 만드는 방법은
108쪽을 참조하세요

4 마무리하기

❶ 원형 틀을 준비하여 재료를 다음 순서대로 올려놓는다.

앙즈 쇼콜라→비스퀴 쇼콜라→무스 루즈→무스 바닐라→비스퀴 쇼콜라→앙즈 쇼콜라→비스퀴 쇼콜라→무스 루즈→탬퍼링한 다크 초콜릿을 바른 다쿠아즈 시트

❷ 냉동고에서 굳힌 다음 틀을 제거한다.

01 앙즈 쇼콜라 채우기
02 비스퀴 쇼콜라 얹기
03 무스 루즈 채우기
04 무스 바닐라 채우기
05 비스퀴 쇼콜라 얹기
06 앙즈 쇼콜라 채우기
07 비스퀴 쇼콜라 얹기
08 무스 루즈 채우기
09 다쿠아즈 시트 얹기

5 데코레이션하기

❶ 안나푸르나 높이와 둘레가 같도록 비닐을 잘라 대리석 위에 펼친 후 템퍼링한 화이트 초콜릿을 가늘게 뿌린다. ❷ ① 위에 다크 초콜릿을 부은 후 얇게 펼친다. ❸ 완전히 굳기 전에 비닐을 들어 안나푸르나를 감싸준다. ❹ 대리석 위에 템퍼링된 다크 초콜릿을 얇게 펼친 후 완전히 굳기 전에 초콜릿 칼을 이용해 부채꼴로 긁어낸다. ❺ ④를 ③ 위에 겹치면서 올려준다.

01 비닐에 화이트 초콜릿 뿌리기
02 01 위에 다크 초콜릿 붓기
03 02 얇게 펼치기
04 03 비닐을 들어 올리기
05 04로 안나푸르나 감싸기
06 대리석 위에 다크 초콜릿 펼치기
07 초콜릿 칼로 긁어 부채꼴 모양 만들기
08 안나푸르나 위에 겹치도록 얹기
09 윗면 중심 부분을 둥글게 말아 꽃봉오리 만들기

피스타치오 라떼 *Pistachio Latte*

마지팬을 이용한 초콜릿 스펀지와 커피 크림, 피스타치오 크림의 세 가지 맛이 절묘하게 어우러진 케이크

무스 쇼콜라 오 카페
- 설탕 26g
- 생크림A 26g
- 노른자 43g
- 커피 2g
- 다크 초콜릿(66%) 126g
- 커피 리큐르 2.6g
- 생크림B 226g

1 무스 쇼콜라 오 카페 만들기

❶ 설탕을 캐러멜화 한 후 데운 생크림A를 섞는다. ❷ 노른자에 ①과 커피를 섞은 후 가열해 앙글레즈를 만든다. ❸ ②를 체에 거른 후 다크 초콜릿과 섞는다. ❹ 커피 리큐르와 휘핑한 생크림B를 섞는다.

01 설탕 캐러멜화하기
02 데운 생크림A 섞기
03 노른자에 02와 커피 섞기
04 앙글레즈 만들기
05 다크 초콜릿에 체에 거른 앙글레즈 섞기
06 커피 리큐르 섞기
07 휘핑한 생크림B 섞기
08 무스 쇼콜라 오 카페 완성 이미지

무스 피스타치
- 설탕 23g
- 물엿 13g
- 노른자 39g
- 생크림A 33g
- 우유 79g
- 젤라틴 6g
- 피스타치오 페이스트 42g
- 생크림B 199g
- 키르쉬 16g

2 무스 피스타치 만들기

❶ 설탕, 물엿, 노른자, 생크림A, 우유를 중탕으로 섞어 앙글레즈를 만든다. ❷ 물에 불린 젤라틴을 섞은 다음 체에 걸러 피스타치오 페이스트와 섞는다. ❸ 휘핑한 생크림B를 섞은 다음 키르쉬를 섞는다.

01 설탕, 물엿, 노른자, 생크림A, 우유를
중탕하여 앙글레즈 만들기
02 물에 불린 젤라틴 섞기
03 피스타치오 페이스트에 체에 거른 02 섞기
04 휘핑한 생크림B 섞고 키르쉬 섞기

마무리
- 비스퀴 쇼콜라
- 시럽

3 마무리하기

❶ 원형 틀과 원형 틀에 맞는 비스퀴 쇼콜라를 준비한다. ❷ 원형 틀에 비스퀴 쇼콜라를 넣은 다음 시럽을 바른다. ❸ ② 위에 무스 쇼콜라 오 카페를 절반 정도 짜고 시럽을 바른 비스퀴 쇼콜라를 한 장 더 올린다. ❹ ③ 위에 무스 피스타치를 부은 후 냉동고에서 굳힌다.

01 원형 틀과 비스퀴 쇼콜라 준비하기
02 원형 틀에 비스퀴 쇼콜라를 넣고 시럽 바르기
03 무스 쇼콜라 오 카페 붓기
04 시럽을 바른 비스퀴 쇼콜라 올리기
05 무스 피스타치를 부어 냉동고에서 굳히기

데코레이션
- 다크 초콜릿
- 코코아 파우더

4 데코레이션하기

❶ 차갑게 식힌 철판 위에 탬퍼링한 다크 초콜릿을 얇게 펼친다. ❷ ①을 철판에서 떼어낸 후 틀에서 제거한 피스타치오 라떼를 두르고 윗부분을 오므린다. ❸ 윗 부분에 코코아 파우더를 뿌린다.

01 철판 위에 탬퍼링한 다크 초콜릿 얇게 펴기
02 끊어지지 않도록 살짝 들어내기
03 피스타치오 라떼 감싸기
04 코코아 파우더 뿌리기

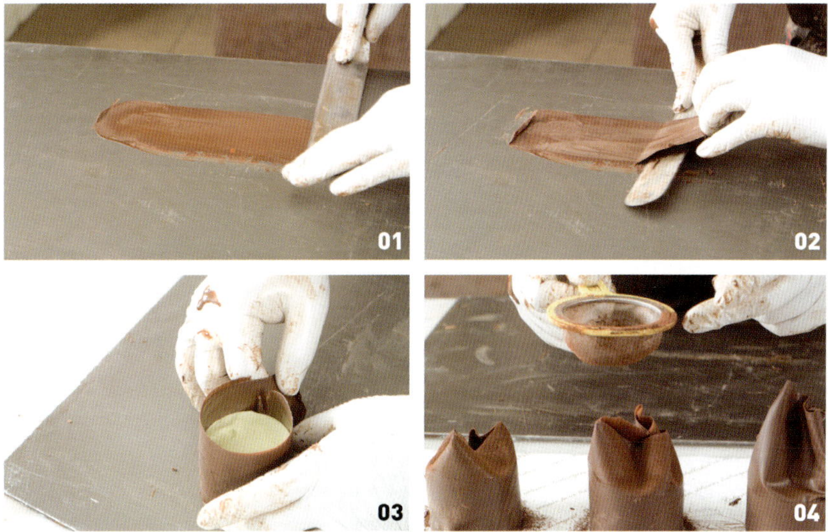

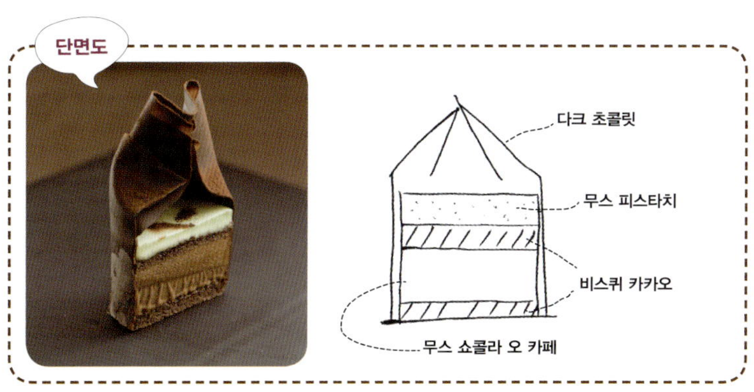

가와무라 셰프의 초콜릿 이야기

초콜릿은 케이크의 '부드러움'을 가장 잘 표현해주는 소재라고 생각합니다. 예를 들어 무스에 과일을 사용하면 처음부터 끝까지 '과일 맛'으로 일관되지만 초콜릿을 조금만 사용하면 맛의 깊이와 풍미를 더할 수 있습니다. 부드러우면서 촉촉함이 살아있고 초콜릿의 다양한 맛도 즐길 수 있으며, 먹고 난 후에도 입안에 카카오의 여운이 남아있는 그런 매력적인 케이크를 만들고 싶다는 것이 저의 바람입니다.

초콜릿의 경우 산지에 따라 맛이 다를 뿐만 아니라, 카카오의 농도는 같아도 신맛이 나는 것, 견과류의 향을 가진 것 등 그 종류는 천차만별입니다. 또한 초콜릿으로 케이크를 만들었을 경우 처음에 쓴맛이 나는 것과 나중에 카카오 향이 나는 것 등 초콜릿의 매력은 얼마든지 찾을 수 있습니다.

초콜릿이 케이크의 어떤 부분에 사용되느냐에 따라 전체적인 구도도 달라지고, 과일이나 견과류 등 잘 어울리는 소재가 많아 다양한 맛을 추구하는 이들에게는 무한의 사랑을 받는 인기 아이템이기도 합니다.

초콜릿을 고를 때의 기준은 브랜드를 보지 않고 실제로 먹어봐야 한다는 것! '이 초콜릿으로 만들고 싶다.'라는 생각이 들지 않으면 개성이 살아있는 나만의 과자를 만들 수 없다고 생각합니다. 이번에 사용한 초콜릿은 하나하나 다 개성이 돋보이는 것들입니다. 그리고 같이 사용된 견과류나 과일 등도 신선하고 상태가 좋은 것만 엄선했습니다.

초콜릿이라고 하면 가을이나 겨울 이미지를 떠올리기 쉬운데, 저희 가게의 경우 연간 케이크 매출의 절반 정도를 초콜릿 케이크가 차지할 정도로 그 인기는 상상 외로 큽니다. 여름에는 쇼콜라 블랑과 감귤류를 가미해 색다르게 선보이고, 겨울에는 견과류나 캐러멜을 넣어 중후함을 연출하는 등 초콜릿도 계절에 맞게 변화를 주어 사용합니다. 쇼케이스에 있는 과자들에 싫증이 났다 싶으면 바로바로 바꾸어주고, 같은 케이크라도 그 해에 따라 사용하는 초콜릿을 바꾸어 사용할 때도 있습니다. 항상 변화와 자극에 민감한 저에게 초콜릿이란 항상 그런 창작 의욕을 높여주는 소재라고 할 수 있습니다.

그리오트 피스타슈 *Griotte Pistache*

비스퀴 피스타슈

- 파트 다망드 280g
- 파트 드 피스타슈 150g
- 노른자 130g
- 달걀 100g
- 흰자 300g
- 설탕 115g
- 녹인 버터 50g

무스 쇼콜라 71%

- 노른자 200g
- 설탕 180g
- 물 50g
- 71% 리오 카리베 675g
- 생크림(35%) 1,400g

크렘 브륄레 피스타슈

- 노른자 160g
- 설탕 50g
- 바닐라 빈 2개
- 파트 드 피스타슈 80g
- 우유 50g
- 생크림(43%) 700g
- 그리오트 체리 적당량

튀일 피스타슈

- 우유 36g
- 설탕 113g
- 버터 36g
- 물엿 36g
- 피스타치오 115g

크루스티앙 프라린 피스타슈

- 초콜릿(38%) 324g
- 파트 프라린 아망드 300g
- 파트 프라린 노아제트 300g
- 파트 드 피스타슈 140g
- 아라레 쌀 크로칸트 520g

1 비스퀴 피스타슈 만들기

❶ 파트 다망드, 파트 드 피스타슈(페이스트) 섞은 후 노른자와 달걀을 넣고 믹싱한다. ❷ 흰자, 설탕을 휘핑해 머랭을 만든 후 ①에 2회에 나누어 섞는다. ❸ 녹인 버터를 넣고 팬닝한 후 180℃ 오븐에서 15분간 굽는다.

2 무스 쇼콜라 71% 만들기

❶ 노른자, 설탕, 물을 가열하여 파타봄브를 만든 후 초콜릿과 섞는다. ❷ 70% 휘핑한 생크림을 섞는다.

3 크렘 브륄레 피스타슈 만들기

❶ 노른자, 설탕, 바닐라 빈을 가열하여 앙글레즈 상태를 만든다. ❷ 파트 드 피스타슈, 우유 섞은 것을 넣는다. ❸ 휘핑한 생크림을 섞는다. ❹ 지름 3㎝의 플랙시판에 비스퀴 피스타슈를 깔고 ③을 부은 후 그리오트 체리를 올린다. ❺ ③의 나머지를 부은 후 튀일 피스타슈를 올려 냉동고에서 굳힌다.

4 튀일 피스타슈 만들기

❶ 모든 재료를 섞어 1시간 정도 휴지시킨다. ❷ 실리콘 틀에 펴준 후 오븐에 7분 정도 구워 바삭한 튀일을 만든다.

5 크루스티앙 프라린 피스타슈 만들기

❶ 5mm 두께로 밀어편 후 지름 5㎝ 원형틀로 찍어낸다.

6 마무리하기

❶ 지름 5㎝ 원형 틀에 크루스티앙 프라린 피스타슈를 넣은 후 무스 쇼콜라 71%를 절반 정도 붓는다. ❷ ①안에 크렘 브륄레 피스타슈를 비스퀴 부분을 위로하여 올린다. ❸ 나머지 무스 쇼콜라 71%를 부은 후 평평하게 하여 냉동고에서 굳힌다. ❹ 틀을 제거한 후 글라사주로 코팅한다. ❺ 금분과 장식용 초콜릿, 그리오트 체리, 피스타치오로 장식하여 마무리한다.

마롱 에 테베르 *Marron et Thé vent*

비스퀴 마롱
- 로마지판 330g
- 버터 330g
- 설탕 270g
- 달걀 230g
- 박력분 130g
- 베이킹 파우더 3g
- 바닐라 小
- 헤이즐넛 아쉐 200g

바바로아 쇼콜라 블랑 마차
- 우유 925g
- 설탕 100g
- 노른자 420g
- 젤라틴 37g
- 마차 37g
- 화이트 초콜릿 925g
- 생크림(35%) 2,220g

무스 마롱
- 파트 드 마롱 240g
- 크렘 드 마롱 280g
- 꼬냑 50g
- 젤라틴 9g
- 마롱 그라세 200g
- 생크림(35%) 750g

1 비스퀴 마롱 만들기

❶ 로마지판, 버터, 설탕을 섞으면서 달걀을 조금씩 투입하여 믹싱한다. ❷ 체 친 가루 재료를 섞은 후 바닐라와 헤이즐넛 아쉐를 넣는다. ❸ 팬닝한 후 160℃ 컨백션 오븐에 17분 정도 굽는다.

2 바바로아 쇼콜라 블랑 마차 만들기

❶ 우유, 설탕, 노른자를 가열하여 바바로아를 만든 후 젤라틴을 섞는다. ❷ ①에 마차를 넣고 체에 거른 후 화이트 초콜릿을 섞는다.
❸ 휘핑한 생크림을 섞는다.

3 무스 마롱 만들기

❶ 파트 드 마롱, 크렘 드 마롱을 섞는다. ❷ 꼬냑과 녹인 젤라틴을 섞는다. ❸ 마롱 그라세를 섞은 후 휘핑한 생크림을 섞는다. ❹ 플랙시팬에 ③을 부은 후 비스퀴 마롱을 덮어 냉동고에서 굳힌다.

4 마무리하기

❶ 정사각형 세르클에 비스퀴 마롱을 깔아준 후 바바로아 쇼콜라 블랑 마차를 절반 정도 붓는다. ❷ 무스 마롱을 올린 후 나머지 바바로아 쇼콜라 블랑 마차를 붓고 냉동고에서 굳힌다. ❸ 틀을 제거한 후 피스톨레한다. ❹ 초콜릿과 마롱 그라세로 장식하여 마무리한다.

à tes souhaits!
pâtisserie française

산비라노 *Sambirano*

비스퀴 쇼콜라

- 흰자 250g
- 설탕 300g
- 노른자 185g
- 코코아 파우더(발로나) 60g

꿀리 후람보아즈

- 후람보아즈 퓌레 300g
- 젤라틴 6g

콩피츄르 후람보아즈

- 후람보아즈 500g
- 설탕 400g
- 펙틴 7g
- 레몬즙 ¼개분

크렘 쇼콜라 산비라노

- 생크림(35%) 345g
- 우유 345g
- 노른자 138g
- 설탕 69g
- 비타 초콜릿(75%) 270g

무스 쇼콜라 산비라노

- 생크림A(35%) 44g
- 우유 29g
- 노른자 154g
- 설탕 30g
- 비타 초콜릿(75%) 200g
- 생크림B(35%) 387g

글라사주 쇼콜라

- 설탕 960g
- 생크림 540g
- 물 630g
- 코코아 파우더(발로나) 270g
- 젤라틴 36g
- 나파주(가열타입) 600g

마무리

- 그뤼드 카카오 적당량
- 스틱 초콜릿 적당량
- 카카오 파우더 적당량

1 비스퀴 쇼콜라 만들기

❶ 흰자, 설탕을 휘핑해 머랭을 만든다. ❷ 노른자와 섞은 후 코코아 파우더를 섞는다. ❸ 40×60㎝ 철판에 팬닝한 후 180℃ 오븐에서 12분간 굽는다. ❹ 식으면 지름 5.5㎝ 세르클로 찍어낸다.

2 꿀리 후람보아즈 만들기

❶ 후람보아즈 퓌레 절반을 데운 후 젤라틴을 섞는다. ❷ 나머지 퓌레를 섞은 후 직경 3㎝ 실팻에 부어 냉동고에서 굳힌다.

3 콩피츄르 후람보아즈 만들기

❶ 후람보아즈와 설탕 절반을 냄비에 넣고 가열한다. ❷ 나머지 설탕과 펙틴을 섞어 ① 이 40℃ 이상이 되면 넣는다. ❸ 당도계(브릭스)로 62도가 되면 불을 끄고 레몬즙을 넣는다.

4 크렘 쇼콜라 산비라노 만들기

❶ 생크림, 우유를 끓인 후 노른자, 설탕과 섞어서 가열해 앙글레즈 상태로 만든다. ❷ 체에 거른 후 녹인 초콜릿과 섞으면서 유화시킨다.

5 무스 쇼콜라 산비라노 만들기

❶ 생크림A, 우유를 끓인 후 노른자, 설탕과 섞어서 가열해 앙글레즈를 만든다. ❷ 체에 거른 후 녹인 초콜릿과 섞으면서 유화시킨다. ❸ 생크림B를 70% 휘핑하여 ②와 섞은 후 반나절 냉장고에 보관한다.

6 글라사주 쇼콜라 만들기

❶ 설탕, 생크림, 물을 냄비에 넣고 가열한다. ❷ ①이 끓으면 코코아 파우더를 한 번에 넣고 섞어 당도계(브릭스)로 65도가 될 때까지 조린다. ❸ 불을 끄고 젤라틴과 나파주를 섞은 후 체에 거른다.

7 마무리하기

❶ 직경 6㎝의 원형 세르클에 크렘 쇼콜라 산비라노를 ¼ 높이만큼 채운다. ❷ ①위에 꿀리 후람보아즈를 올린 후 콩피츄르 후람보아즈를 바른 비스퀴 쇼콜라를 덮어 냉동고에서 굳힌다. ❸ 틀에서 빼낸 후 30℃의 글라사주 쇼콜라를 부어 코팅한 후 냉동고에서 굳힌다. ❹ 녹인 비타 초콜릿을 얇게 펼친 후 6.5㎝×6.5㎝(가로×세로) 크기로 잘라서 올린다. ❺ 별모양 깍지를 끼운 짤주머니에 무스 쇼콜라 산비라노를 담아 ④위에 짠다. ❻ 페뉴로 긁어내고 그뤼드 카카오를 묻힌 스틱형 초콜릿으로 장식하고 일부분에 코코아 파우더를 뿌려 마무리한다.

à tes souhaits!
pâtisserie française

BONNENOUVELLE
WWW.BONNUVEL.COM
Editor's Epilogue

누구에게나 하루는 24시간이다. 하지만 24시간 중 얼마동안이 의미있는 시간이 되느냐는 누구에게나 다 다를 것이다. 본 누벨의 서강헌 셰프에게 24시간은 잠들지 않고 늘 깨어있다. 변화를 향한 멈추지 않는 도전과 열정으로 그의 24시간은 채워져 있으며, 그 만큼의 행운은 늘 그와 함께 한다. 행운은 기다리기 보다는 찾아나서는 사람의 몫인 것이다.

언제나 손수 시장을 보며 계절에 맞는 재료로 솜씨를 뽐내는 그에게 있어 초콜릿으로 표현하는 맛은 바로 열정이요, 도전의 쾌감이다. 그래서 그는 오늘도 초콜릿의 매력, 아니 마력을 자신의 케이크 위에 아낌없이 표현한다. 심혈을 기울여 보는 이의 시산을 사로잡는 아름다운 케이크, 그리고 미각을 사로잡는 아찔한 초콜릿의 맛을 창조해나가는 서강헌 파티셰를 주목해야 하는 이유이다.

오리지날 벨기에 초콜릿 벨코라도

구분	품명	코코아 함량	제품특징	포장규격
다크 커버춰 초콜릿	다크 셀렉션	55.7% 이상	쓴맛과 단맛의 완벽한 조화를 이루는 벨코라도의 기본 다크 초콜릿	■드롭 초콜릿 10kg/박스(5kg×2봉) ■블럭 초콜릿 10kg/박스(2.5kg×4판)
	다크 슈프림	71.8% 이상	커피류의 진한 코코아 맛의 초콜릿	
	앙탕스	66.4% 이상	단맛을 줄이고 코코아 버터 함량을 늘여 작업성이 뛰어나며 입에서 잘녹는 최고급 초콜릿	
밀크 커버춰 초콜릿	밀크 셀렉션	35% 이상	은은한 코코아와 꿀맛을 내는 가장 인기있는 밀크 초콜릿	
화이트 커버춰 초콜릿	화이트 셀렉션	30% 이상	완벽한 균형을 이룬 벨코라도의 기본 화이트 초콜릿으로 가장 선호 받고 있는 제품	
카랏 코팅 초콜릿	다크,밀크,화이트		프리미엄급 코코아 파우더와 식물성 유지로 템퍼링이 필요없는 코팅 초콜릿	■캔 : 4kg ■드롭 초콜릿 : 10kg/박스
벨코 칼라 초콜릿	딸기		딸기맛과 향을 사용한 템퍼링이 필요없는 컴파운드 초콜릿	■드롭 초콜릿 15kg/박스(5kg×3봉)

*기타제품 : 코코아 파우더, 초콜릿 스틱, 초콜릿 커피빈, 초코칩, 코코아버터

서울시 강남구 대치동 961-3 유니온빌딩
TEL : (02)554-3293 FAX : (02)554-3292
www.uniontd.com

(주)퓨라토스코리아

그랑모나크

화이트 오렌지 큐라소를 침지, 증류 후
오크통에 오랜시간 숙성시켜, 오렌지의 깊은 맛과 향에
프랑스꼬냑을 혼합한 국내 최고급 리큐르입니다.

- 용량 : 750ml ● 알코올 : 40%
- 원산지 : 미국
- 특징 : 프랑스 꼬냑과 오렌지 혼합

모나크커피

멕시코산 아라비카종 커피원두를 사용하여 상쾌한 맛과
향에 커피특유의 쌉쌀한 맛이 혼합되어 케익류(생크림,무스,
파운드), 구움과자 등에 사용되는 제품입니다.

- 용량 : 750ml ● 알코올 : 20%
- 원산지 : 미국
- 특징: 베이커리전용 크림타입 제품

모나크프리미엄골드럼

럼의 기원지인 버진아일랜드에서 생산된 사탕수수만을
사용하여 오크통에 오랜시간 숙성시켜 럼주의 깊은 맛과
부드러운 향이 나타내는 제품입니다.

- 용량 : 750ml · 1,750ml ● 알코올 : 40%
- 원산지 : 미국
- 특징 : 원액 함유량 100%

모나크트리플섹

캘리포니아의 최상급 오렌지 껍질에서 얻은
풍부하고 향기로운 맛과향이 생크림,버터크림 등에
혼합하여 오렌지의 맛과향을 유지시키는 제품입니다.

- 용량 : 1,000ml · 1,750ml ● 알코올 : 40%
- 원산지 : 미국
- 특징 : 산뜻하고 개운한 오렌지 향

퐁당럼

베트남최고의 국영회사인 빈따이社는 프랑스기술력으로,
유럽 및 아시아 국가에 공급하며, 베트남 천혜의 지역에서
생산된 사탕수수만을 원료로 만든 제품입니다.

- 용량 : 100ml · 1,000ml · 1,800ml
- 알코올 : 39% ● 원산지 : 베트남
- 특징 : 부드럽고 은은한 맛과 향

피오니60

프랑스의 오랜기술력으로 만들어진 피오니60은
고농축오렌지추출물을 사용하여 기존 리큐르 사용량의
1/3만을 사용해도 깊은맛과 향을 유지하는 제품입니다.

- 용량 : 100ml · 1,000ml · 1,800ml
- 알코올 : 60% ● 원산지 : 베트남
- 특징 : 국내 유일 알코올 함유량 60%

나폴레옹15년산브랜디

15년간 오크통에서 숙성된 포도브랜디로써,
미주지역과 유럽등에서 오랫동안 초콜릿등을 만드는데
매우 중요한 역할을 해오고 있는 제품입니다.

- 용량 : 750ml ● 알코올 : 40%
- 원산지 : 필리핀
- 특징 : 15년산 브랜디 제품

디종)키르쉬

200년동안 지켜온 전통주조 방법으로 체리원액 100%로
제조하며, 생크림,치즈크림,초콜릿 등에 사용되어 제품에
체리의 감미롭고, 깊은맛을 나타내는 제품입니다.

- 용량 : 700ml ● 알코올 : 43%
- 원산지 : 프랑스
- 특징 : 국내유일 원액함유량 100%

디종)프랑보아즈

전세계 수많은 호텔과 레스토랑에서 사용되고 있으며
프랑보아즈를 파쇄,침지,숙성등 제조방법으로 신선도 및
맛과 향의 보존성이 매우 높은 제품입니다.

- 용량 : 700ml ● 알코올 : 20%
- 원산지 : 프랑스
- 특징 : 국내유일 원액함유량 73%

디종)스트로베리

가브리엘 보디어사는 모든제품에 인공착색을 위한
인공색소를 사용하지 않으며, 수확한 딸기를 주정에 침지
후 딸기의 풍부한 맛과 향긋한 향이 뛰어난 제품입니다.

- 용량 : 700ml ● 알코올 : 21%
- 원산지 : 프랑스
- 특징 : 국내유일 원액함유량 77%

호치민커피

세계 제2의 커피생산국인 베트남에서 생산된 커피원두는
G7등에 주원료로 사용되고 있으며, 이런 원료로 만들어진
호치민커피리큐르는 다양하고, 커피본연의 깊은 향과 맛을
간직하고 있으며, 케익류(생크림, 무스케익, 티라미슈),
초콜릿, 구움과자, 쿠키등 다양한 분야에서 많은 각광을
받고 있는 제품이다.

- 용량 : 100ml · 1,800ml ● 알코올 : 21%
- 원산지 : 베트남

【신제품】

【홈베이킹 전용 미니제품】

| 디종)레몬 | 디종)아니세트 | 디종)로즈 | 전향 | 퐁당럼 | 피오니60 | 호치민커피 |

특별한 맛을 위한 약속

발로나는 미식 전문가들을 위해 한결같은 품질의 엄격성, 창조성, 전문성 등 발로나만의 노하우로 최고급 초콜릿을 찾기 위한 노력을 1922년부터 지금까지 계속해오고 있습니다. 코코아 생산자, 품종의 선별자, 어셈블러, 창조자, 발로나의 임직원 모두는 누구도 흉내 낼 수 없는 맛의 역사를 새롭게 쓰면서 초콜릿 생산과정의 모든 분야에 완벽을 추구합니다.

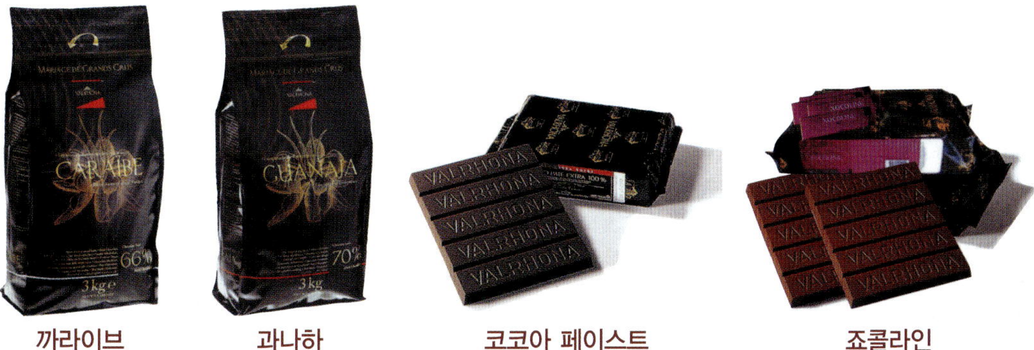

| 까라이브 | 과나하 | 코코아 페이스트 | 죠콜라인 |

최상급 초콜릿 맛 테스트
다크 초콜릿

발로나는 감각적인 분석을 통해 최상급 초콜릿을 즐기기 위한 현명한 방법을 소개합니다. 이 방법은 초콜릿을 쉽게 선택하면서 미각적으로 초콜릿에 익숙해져 당신의 레시피에 감각적인 독창성을 이끌어줄 뿐만 아니라 고객들이 초콜릿을 즐길 수 있도록 도와줍니다. '다크 초콜릿 맛 테스트'로 섬세한 감각들과 그 범위를 통해 스스로 맛을 체크해 보세요.

경기도 하남시 교산동 259-1
TEL : 031) 793-0330
FAX : 031) 794-3958
www.bakeplus.com

우수한 품질과 뛰어난 기술력으로
고품격의 초콜렛이 만들어집니다

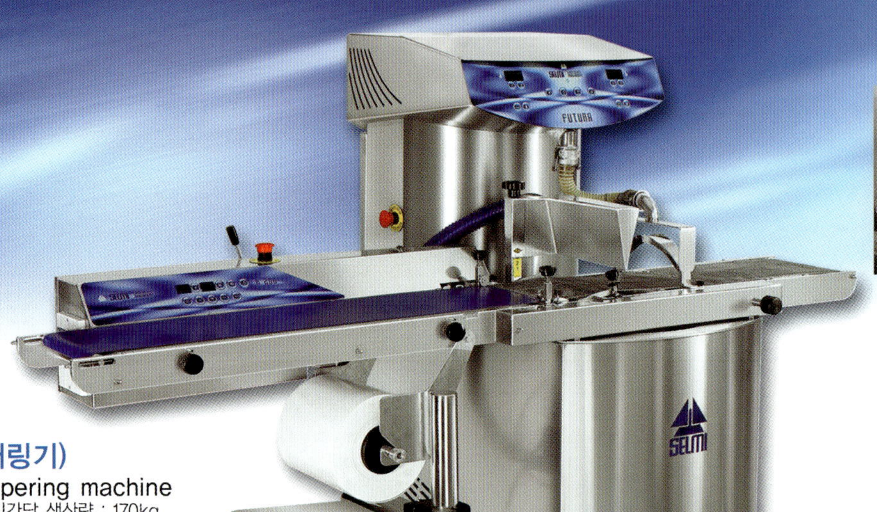

Chocolate injection plate

FUTURA(템퍼링기)
Continuous tempering machine
- 탱크용량 : 35kg ■시간당 생산량 : 170kg
- 전기 : 3p-2.5kw ■Size : 490×880×1550mm

R-200(코팅벨트)
Coating belt
- 전기 : 220V 0.5kw
- Size : 600×1120×1730mm

- Futura는 일반적인 온도보다 상당히 낮은 템퍼링 온도에서도 결정체 형성의 유지가 가능
- 용량측정 분할장치와 페달로 초콜렛 흐름을 조정
- 낮은 접압으로 진동 플레이트를 가열
- Futura는 제품코팅용 R200 코팅벨트와 몰드 제작용 초콜렛 주입 플레이트와 연결해 사용

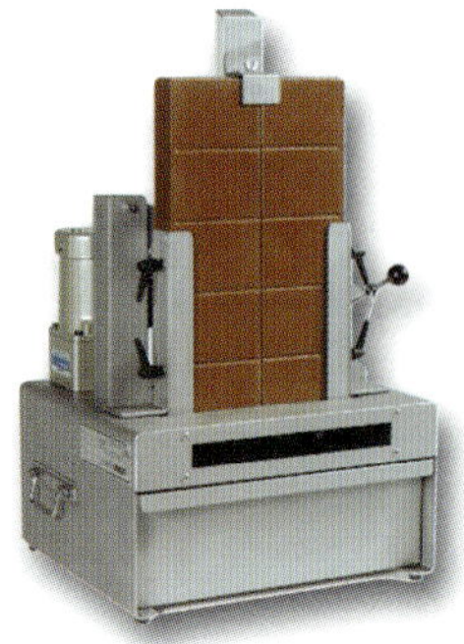

COMMODITY
Chocolate slicer
- 능력 : 5kg 13~30분
- 전력 : 1kw
- Size : 370×440×500mm

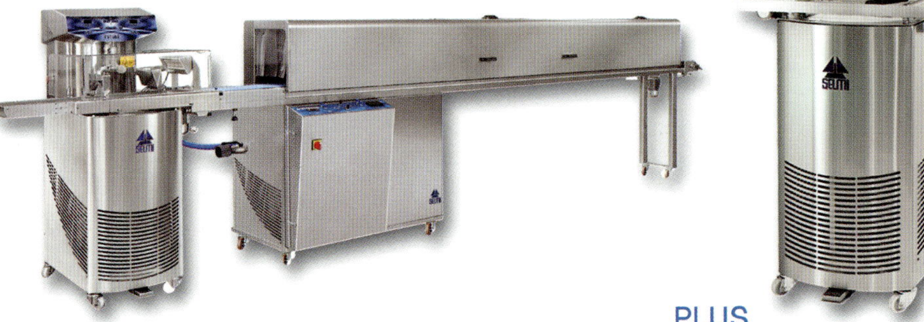

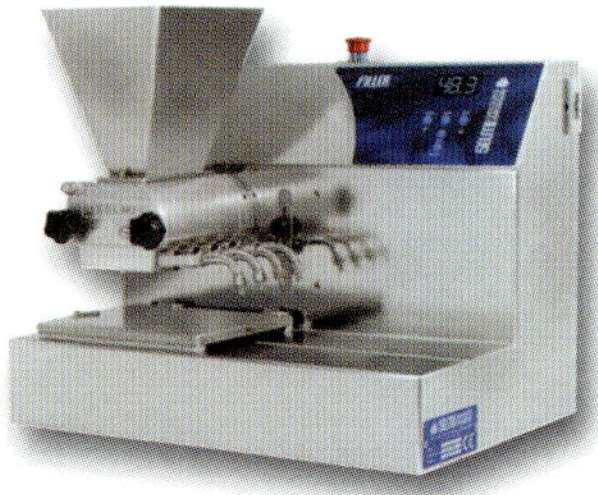

PLUS
Continuous tempering machine
- 탱크용량 : 24kg ■시간당 생산량 : 90kg
- 전기 : 380V-3p-1.6kw
- Size : 480×760×1450mm

FILLER
Bench injection machine
- 탱크용량 : 8kg ■전기 : 3p-1.4kw
- Size : 360×680×680mm

앞서가는 베이커리의 파트너
(주)토탈베이커리시스템 TOTAL BAKERY SYSTEM CO.,LTD
서울시 강남구 논현동 76-8 토탈빌딩 1층 Tel.02)3443-8744(대) Fax.02)3443-8746

Chocolate MACHINES

초코아트

손쉽게 내손으로 만드는 초콜릿 –

「초코아트템퍼링기」

초코아트(Choco Art)는
가정은 물론 베이커리 업소에서 초콜릿 몰드를 이용한 판매 또는 선물용 초콜릿을 간편하게 만들 수 있는 초콜릿템퍼링기 입니다.

초콜릿(종류별) 권장 템퍼링 온도	제품사양
DARK 초콜릿 – 32℃ MILK 초콜릿 – 30℃ WHITE 초콜릿 – 28℃	모델명 : WJCA-3 정격전압 : 220V / 60HZ 소비전력 : 20W 사용용량 : 3kg

---

초콜릿 템퍼링기

초콜릿의 멜팅에서 고품질·고광택까지 –

이제 「초콜릿템퍼링기」로 최고의 제품을 만드십시요.

초콜릿의 멜팅(녹이는)의 온도에서 성분(카카오, 슈가, 유지방)이 분해되어 30℃정도로 일정하게 온도를 유지시켜 가며 최상의 광택상태를 만들어 줍니다.

제품사양	
정격전압 : 220V / 1Kw	
규 격 : 385(L) X 670(D) X 220(H)	

WOOJUNG 우정 베이커리시스템

경기도 포천시 내촌면 진목리 427-3 Tel 031-534-6565 / Fax 031-533-0785
서울특별시 성동구 성수 2가 3동 300-4번지 영동테크노타워 505호 Tel 02-462-4510 / Fax 02-462-4511
www.iwoojung.com / www.bakeryzone.co.kr